Der Verfasser setzt sich als Philosoph mit
einigen grundlegenden Sätzen der Naturwissenschaft auseinander, die den Anschein
der Einfachheit und Selbstverständlichkeit
erwecken. Im Hintergrund stehen Welt,
Raum, Zeit, Mensch. Der Verfasser meint,
daß diese Meinungsgegenstände sich ständig
ändern und heute auch noch nicht so fest-
liegen, wie viele annehmen. Aber was ist
Meinungsgegenstand? An die Stelle von
Mensch möchte der Verfasser den in Geschichten Verstrickten oder Mitverstrickten
setzen. Er hält diesen Ausdruck für sicherer
und eindeutiger, als die anderen vorbe-
zeichneten Ausdrücke. Die Frage, in welchem
Sinn man von Welt, Raum, Zeit vor dem
Auftreten des Menschen und nach dem
Abscheiden des letzten Menschen und vielleicht überhaupt abgesehen vom Menschen
reden kann, erhält einen neuen Inhalt, wenn
man von den Geschichten ausgeht. Was bedeutet Datum, Zeit ohne Geschichten? Was
bedeutet Alter der Welt ohne Geschichten?
Was bedeutet Experiment, Prognose, Signal
ohne Geschichten?
Der Verfasser geht immer auf die konkreten
Gegenstände und die konkreten Zusammenhänge. Wir führen einige Beispiele an:

Wahrnehmung des Tisches als Tisch, als
wirrer Haufen von Atomen.
Was passiert auf dem Arkturus gerade jetzt?
Das versteht doch jeder. Der Verfasser führt
aus, wie diese Frage auf einer Fülle von
Mißverständnissen beruht.
Was ist eine zweidimensionale Welt? Selbst-
verständlicher Zugang über das Kino. Nein!
Warum nein?
Gewitter, Blitz, Zug und Gleichzeitigkeit.
Was ist hier alles durcheinander gebracht?

METAPHYSIK DER NATURWISSENSCHAFT

W. SCHAPP

Metaphysik der Naturwissenschaft

MARTINUS NIJHOFF / DEN HAAG / 1965

ISBN 978-94-011-8545-5 ISBN 978-94-011-9301-6 (eBook)
DOI 10.1007/978-94-011-9301-6

VORWORT

Hoffentlich gefällt diese Arbeit Hans Barth, Lübbe, Noack, Andersch ebensogut wie meine bisherigen Versuche.

INHALT

Überblick
Der in Geschichten Verstrickte, sein Leib; das starre Wozuding, das Auswas
des Wozudinges. Das Alter, der Raum, die Helligkeit, die Bewegung, die
Welt, das Atom, die Welle. Der Zusammenhang der sechs Gebilde: Der in
Geschichten Verstrickte, sein Leib, die Wozudinge, das Auswas der Wozu-
dinge, das Atom und die Wellen.

Erster Abschnitt: Besprechung von Fällen

KAPITEL I. Der Tisch und der entsprechende wirre Haufen von
Atomkernen und Elektronen

KAPITEL II. Was passiert auf dem Arkturus gerade jetzt?

KAPITEL III. Die französische Revolution

KAPITEL IV. Die zweidimensionale Welt

KAPITEL V. Das Gewitter und der Zug

KAPITEL VI. Der Aufzug

ÜBERBLICK

In welchem Zussammenhang kommen wir am sichersten und einfachsten zu etwas wie Zeit und Raum? Es mag viele Gebilde geben, die man mit diesen Ausdrücken zu treffen versucht. Wir denken etwa an leere Zeit, an leeren Raum, und im Gegensatz dazu an etwas wie konkrete Zeit, konkreten Raum. Wir wollen nicht mit diesem oder einem ähnlichen Gegensatz beginnen, sondern wir sind zufrieden, wenn uns in einem Zusammenhang etwas wie Zeit und Raum begegnet, etwas was wir festhalten können und vielleicht in Beziehung bringen können zu all den wissenschaftlichen und philosophischen, alten und neuen Vorstellungen über Zeit und Raum.

Wenn wir nach einem solchen Zusammenhang für die Zeit suchen, so kommen wir zuerst auf Geschichten. In den Geschichten haben viele Zeitmomente, wie Gegenwart, Vergangenheit, Zukunft oder wie Datum, Dauer, Jetzt und Gerade-Jetzt eine feste Stelle, auch das Ereignis oder die Ereignisse, die als solche für die Zeit von Bedeutung sind, lassen sich ohne Geschichten kaum festlegen.

Eine vergleichbare Beziehung wie zwischen Zeit und Geschichten mag zwischen Raum und starrem Wozuding bestehen und damit auch wieder zwischen Raum und Geschichten. Zu diesem Raum gehört allerdings dann noch die Umgebung des starren Wozudinges und seine Oberfläche, das Verhältnis des Wozudinges zum Leibe des Menschen, der das Wozuding betrachtet, ferner das Verhältnis des Wozudinges zu seinem Stoff. Diese Momente, die zum Auftauchen von Raum gehören, setzen deutliche Wahrnehmung voraus. Nur in der deutlichen Wahrnehmung tritt ein Wozuding in seinem Raum mit Umgebung auf. Die deutliche Wahrnehmung selbst steht wieder in Zusammenhang mit dem Auftauchen des konstanten identischen Wozudinges und seines Stoffes und ist in diesem Auftauchen am besten zu studieren.

Wenn wir so mit Raum und Zeit oder besser mit Zeit und Raum beginnen, haben wir schon Bezug genommen auf die Lehren von Zeit und Raum, die von den Griechen bis Einstein einen zentralen Platz in Philosophie und Wissenschaft einnehmen. Wir beginnen aber nicht mit einer festen Vorstellung von Zeit und Raum, wie man das bisher wohl getan hat, sondern wir suchen erst nach einer festen Vorstellung in Zusammenhängen oder aus Zusammenhängen, in denen wir auf Zeitartiges, Raumartiges stoßen.

Wir fangen an mit dem starren Wozuding wie Tisch, Schrank, Haus. Dies Ding steht in engstem Verhältnis zu seinem Auswas, dem Stoff. Es steht weiter in engem Verhältnis zum Menschen, wobei wir vielleicht unterscheiden können, zum menschlichen Leib und zu dem Menschen selbst, zur Seele, oder wie wir sagen, zu dem in Geschichten Verstrickten. Das Verhältnis zum menschlichem Leibe läßt sich zu einem bedeutenden Teil erfassen über das Sägen, Bohren, Hämmern und alle sonstigen Betätigungsarten des Menschen, von denen wir hunderte aufzählen könnten. Am menschlichen Leibe könnten wir dabei noch viele Teile hervorheben, die besonders wichtig sind für das Verhältnis zum Wozuding, etwa die Hand und das Auge, obwohl diese beiden für sich allein auch noch wenig bedeuten. Die Hand ist schließlich nur Hand als Teil des ganzen Leibes.

Das starre Wozuding hat, fast möchte man sagen, jederzeit, ein Alter. Dies Alter ist ständig sichtbar. Es beginnt mit der Entstehung und endigt mit der Zerstörung. Das Wozuding kann auch außer Gebrauch kommen wie ein Steinbeil, oder Pfeil und Bogen, ein verwickelter Fall, wir halten uns aber vorläufig ans einfachste. Die Entstehung verweist wieder auf Vorgänger des Wozudinges, die auch wieder ihr Alter haben Damit eröffnet sich eine unabsehbare Reihe von Wozudingen. Ob es Sinn hat, von einem ersten Wozuding zu reden, mag fraglich sein. Von den Einzeldingen in der Reihe aus tauchen dann Seitenreihen auf, mit schließlich unendlich vielen Verästelungen oder Wurzeln. In dieser Reihe hat nicht nur jedes Wozuding ein Alter, sein Alter, sondern es hat auch einen bestimmten Platz in dem ganzen Zeitablauf der Wozudinge, wie man am deutlichsten und einfachsten an der Mode sieht. Jeden Hut kann man etwa einreihen: Pariser Mode, Frühjahr 1960, mit vielen Einzelheiten dazu, bis man auf den Anfertiger, Frau Dupont, Große Straße 63, parterre, kommt. Damit mündet die Entstehung des Hutes, wie jedes Wozudinges, in eine Geschichte. Und solche Geschichten lassen den Hut nicht eher los, als bis er in den Kasten wandert. Das sollte man eigentlich vom Hute nicht sagen.

In etwas anderer Richtung führt das starre Wozuding zum Eigentum und zum Vertrag wie Kauf, Tausch, Miete mit unendlich viel

Komplikationen, die in gewissem Sinne wieder ein Ganzes bilden.
Wieder in etwas anderer Richtung führt das starre Wozuding zu der sichersten und haltbarsten Rede vom Raum. Wir wollen dabei nicht an den philosophischen oder mathematischen oder naturwissenschaftlichen Gebrauch des Wortes Raum denken, vielleicht hat dieses Wort Raum noch viel mehr Bedeutungen als wir denken. Wir denken also zunächst nur an das Raumartige, das mit dem starren Wozuding auftaucht, etwa in Bewegung, in Verbindung mit der starren Räumlichkeit des Wozudinges, oder an den Raum, den das Wozuding einnimmt und unabtrennbar mit sich führt, oder an die raumartige Umgebung des Wozudinges, insbesondere an das Auftauchen des Wozudinges in Perspektive, von uns oder unserem Auge oder unserem Gesicht getrennt durch einen Zwischenraum, durch die Entfernung des Dinges von uns, die aber nur in Helligkeit aufleuchtet, im Dunkeln verschwindet.

Von der Helligkeit aus kommen wir zu einem neuen Faktor, zum Licht und seiner Beziehung zur Helligkeit. Auf andere Art kommen wir vom starren Wozuding zum selbstleuchtenden Körper oder Stoff als Lichtquelle oder auf etwas andere Art und Weise zur Sonne, die auf eigene Art „körperlos" auftritt.

Über das Alter des Wozudinges kommen wir zu seiner Konstanz und Identität, die wir ähnlich auch bei dem selbstleuchtenden Körper finden, soweit wir ihn wieder als Wozuding auffassen können.

Von dem Stoff des starren Wozudinges kommen wir dann zum flüssigen und gasförmigen Stoff und zu der Frage, in welchem Verhältnis feste, flüssige, gasförmige Körper stehen. Wir haben nicht den Eindruck als ob damit hinsichtlich der Zustände des Stoffes überhaupt viel gesagt wäre. Es mag unendlich viele Zustände geben. Man denke etwa an Wasser im fallenden Aufzug, in dem Beispiel von Einstein; ist das Wasser noch flüssig. Oder an Stoff im Innern des Sternes. Ist dieser Stoff starr oder fest? Welche Bedeutung hat der Behälter bei Flüssigkeit und Gas?

Wenn man die Bewegung untersuchen will, so ist das einfachste Beispiel der starre Körper im Verhältnis zu anderen starren Körpern. Wenn man in anderen Bereichen von Bewegung reden will, muß man zunächst wohl das Verhältnis zur Bewegung der starren Körper feststellen. Man untersuche etwa Bewegung des Schattens, Bewegung des Lichtflecks, Bewegung des Wassers im Fluß, Bewegung der Wolken, Bewegung der Sonne, Bewegung des Sternenhimmels. Wieweit suchen all diese Bewegungen Anschluß an die Bewegung des starren Körpers, um ganz konkret zu sprechen, in meinem Zimmer zwischen den 6 Wänden. Diese Fragen mögen noch nicht sehr wichtig sein. Aber was ist es für ein Bereich, in welchem man von Bewegung der Lichtwellen oder der Tonwellen redet. Oder was ist es gar für eine Redeweise, wenn man fragt, ob sich die Bewegung der Lichtquelle der Bewegung der ausgesendeten Lichtwelle mitteilt, sich zu ihr addiert. Schließlich ein ganz anderer Fragenbereich: Welche Beziehung besteht zwischen dem starren Wozuding und seiner Wahrnehmung und dem Atomhaufen, aus dem das Wozuding bestehen soll und seiner Wahrnehmung, und welche Beziehung besteht zwischen Räumlichkeit, Helligkeit, Entfernung und ihrer Wahrnehmung, ihrem Auftauchen und den Lichtwellen? Liegt hier eine Parallelität vor?

Einen Teil der Überlegungen hinsichtlich des Wozudinges können wir übertragen auf den menschlichen Leib und auf den Menschen als den in Geschichten Verstrickten. Der menschliche Leib weist jeder Zeit ein Alter auf, aber in etwas anderem Sinne als das Wozuding. Trotzdem steht die Rede vom Alter bei Wozuding und Mensch wohl im Zusammenhang. Der menschliche Leib steht weiter in engster Beziehung zu den Geschichten des in Geschichten Verstrickten. Die Geschichten leuchten tausendfach aus dem Leib, insbesondere aus Gesicht und Hand, heraus.

Vom Wozuding und vom menschlichen Leib führt eine gerade Linie unmittelbar zu Welt. Mit jedem Wozuding, mit jedem Leib, mit jeder Geschichte ist eine Beziehung zur Welt gegeben. Dabei stellt sich dann allerdings erst heraus, wie wenig fest diese Ausdrücke sind. Mit der Beziehung zur Welt steht in Zusammenhang Beziehung zu Raum und Zeit. Diese ist aber noch viel schwieriger. Vielleicht muß die ganze Lehre von Raum und Zeit erst aufgegeben werden, muß man ganz von unten anfangen, um auf die Gebilde, welche Philosophie und Wissenschaft im Auge haben, zu kommen. Bei Zeit denken wir etwa daran, daß ein Hauptmoment der Zeit, die Gegenwart, nur in einer konkreten Geschichte faßbar ist, und zwar auf dem Hintergrund von unendlich vielen Geschichten, wobei jede Einzelgeschichte den selben Hintergrund zu haben scheint. Diese Gegenwart taucht mit Vergangenheit und Zukunft auf, ob aber etwas wie leere Zeit überhaupt zum Auftauchen gebracht werden kann jenseits von Alter und Geschichten und Gegenwart, erscheint mir sehr zweifelhaft.

Auch ist es wohl schwierig von Zeit zu reden vor allen Geschichten oder nach allen Geschichten. Ebenso mag es schwierig sein, von Welt losgelöst von Geschichten zu reden.

Auch beim Raum beginnen wir mit dem Konkreten. Nachdem wir über die Oberfläche des Wozudinges mit Hilfe der Farbe zur Vorstellung einer Fläche gekommen sind, ist es uns möglich, auf der Fläche Figuren aufzuzeichnen, die untereinander in Beziehung stehen und zu Gebilden wie Punkt, Linie, Fläche, Körper in festen Zusammenhängen führen, auf der Grundlage der Starrheit der Körper. Es bleibt die Frage, in welchem Verhältnis diese Gebilde zu den mathematischen Gebilden stehen. Sind diese nur Grenzfälle dieser Gebilde, die wir bei dem starren Körper vorfinden?

Wir versuchen jetzt noch die Gebilde, auf welche wir in unserer Untersuchung treffen, nebeneinander zu stellen, um den Zusammenhang klarzumachen.

Wir unterscheiden vorläufig den in Geschichten Verstrickten, seinen Leib, die Wozudinge, das Auswas der Wozudinge oder den Stoff und jenseits des Stoffes noch wieder das Atom mit seiner inneren Struktur und die Wellen.

Von diesen sechs Gebilden ist keins nach unserer Meinung für sich verständlich: den Zugang zu den Gebilden findet man nur jeweils mit Hilfe der anderen, im Mittelpunkt steht aber die Verstrickung in Geschichten. Die Beziehungen der Gebilde zur Naturwissenschaft und Mathematik haben ihren Schwerpunkt im Wozuding oder im Stoff und Atom. Damit wird zugleich klar, daß nach unserer Ansicht das Hauptgewicht des Weltganzen nicht in Naturwissenschaft und Mathematik liegt, sondern in den Geschichten, obwohl sich die Mathematik über Plato in das Gebiet der Geschichten hineingedrängt hat. Wir meinen also, daß das Hauptgewicht der Welt nicht bei Galilei, Newton liegt, sondern bei Buddha, Plato, Sokrates, Christus, Mohammed oder auch bei den großen Dichtern und Künstlern. Wenn wir dabei an Wozudinge denken, so käme etwa die Akropolis und das Straßburger Münster in Frage, die wir aber nicht mehr als Wozudinge im üblichen Sinne bezeichnen möchten.

Was wir hier mit einigen Namen als stellvertretend für Welt im höchsten Sinne andeuten, gehört zu dem in Geschichten Verstrickten oder zu den in Geschichten Verstrickten. Diese bilden eine Einheit unter sich; der höchste und der tiefste gehören in dieser Einheit zueinander, wie insbesondere die Höchsten jederzeit gewußt haben. In den Geschichten dieser miteinander Verstrickten findet sich eine gewisse Ordnung. Wir heben nur einen Punkt hervor: was Gegenwart ist und damit auch was Vergangenheit und Zukunft ist, läßt sich nur an dem einzelnen in Geschichten Verstrickten demonstrieren. Mit diesem einzelnen steht man jeweils in der Gegenwart, im Meer der Geschichten. Jeder Verstrickte hat sein Geschichten-Alter; die Jetzt-Geschichte ruht auf der Grundlage der vergangenen Geschichten, die vielleicht noch gar nicht vergangen sind.

Zu dem in Geschichten Verstrickten gehört der Leib mit Kopf und Hand und weiter der ganze Leib. Der Leib hat sein Alter. Der Einzelleib führt zu den Reihen der Leiber in unendliche Weiten.

Vom Leib führt ein unmittelbarer Weg über das Sägen, Bohren, Hämmern und hunderte von anderen Betätigungen zum starren Wozuding. Wir merken hier aber schon, daß die Trennung von Leib und Wozuding, die wir hier anscheinend ohne Bedenken vornehmen, doch nicht so einfach ist. Es hat den Anschein, als ob Leib und Wozuding sich nur gegenseitig halten, wenn man das sagen kann, sich aneinander emporranken. Das Wozuding hat ein Alter, vergleichbar mit dem Alter des Leibes. Es steht in der Reihe der Wozudinge ähnlich wie der Leib in der Reihe der Leiber. Es hat eigenartige Beziehung zum Raum. Es steht uns gegenüber im durchsichtigen Raum, in der Perspektive. Seine Oberfläche steht in Beziehung zur Farbigkeit. Diese Oberfläche hat Beziehung zur mathematischen Fläche; sie bildet die Grundlage für Punkt, Linie, Fläche, Figur und steht damit in engster Beziehung zur Mathematik und Naturwissenschaft.

Das starre Wozuding verweist auf den Stoff, auf sein Aus-was, auf die Aggregat-Zustände, vielleicht auch schon auf die Elemente; auf die Erde als gleichsam größtes Wozuding, und vielleicht auf Sonne und Welt.

Vom Stoff führt dann ein Schritt weiter zum Atom mit seiner inneren Struktur und zu einer Welt, die sich auf den ersten Anschein jedenfalls von Geschichten freigemacht hat. Der helle durchsichtige Raum und die Farbe der Wozudinge führt dann ähnlich weiter zu den Wellen und damit auch wieder zu einer Welt, die sich anscheinend von Geschichten freigemacht hat.

Die folgenden Überlegungen sind in drei Abschnitte eingeteilt.

Im ersten Abschnitt besprechen wir konkrete Fälle, insbesondere aus Lincoln Barnett, *Einstein und das Universum*[1] und aus Albert Einstein und Leopold Infeld, *Die Evolution der Physik*[2]. Wir versuchen anhand dieser Fälle im einzelnen aufzuzeigen, was uns bedenklich erscheint oder was Anlaß zu Fragen gibt.

---

[1] Frankfurt am Main: S. Fischer, 1962.
[2] Hamburg: Rowohlt, 1959.

Vorausgesetzt ist dabei für die Verständigung ein gewisses Vertrautsein mit der phänomenologischen Methode und mit meinen Arbeiten *In Geschichten verstrickt*[3] und *Philosophie der Geschichten.*[4]

Die Überschriften zu den einzelnen Kapiteln zeigen auf, daß wir einerseits auf das Konkreteste, was es geben kann, eingehen, aber immer mit dem Hintergrunde von Welt.

Im zweiten Abschnitt befassen wir uns mit dem Verhältnis von Farbe und Welt, im dritten Abschnitt mit dem Verhältnis von Welt, Gegenstand und Auffassung und Menge der Mengen. Wir wären schon zufrieden, wenn man aus unserer Arbeit entnehmen würde, daß man etwas vorsichtiger werden muß, in dem Gebrauch von Ausdrücken wie Welt, Raum, Zeit, Wissenschaft.

---

[3] Hamburg: R. Meiner, 1953.
[4] Leer: Rautenberg, 1959.

BESPRECHUNG VON FÄLLEN

DER TISCH UND DER ENTSPRECHENDE WIRRE HAUFEN VON ATOMKERNEN UND ELEKTRONEN

1. Das Verhältnis von Tisch zu dem wirren Haufen. Die Horizonte des Tisches, die Horizonte des Haufens

In der *Evolution der Physik* von EINSTEIN und INFELD finden wir (S. 201, Ziff. 4) folgende Darstellung: „Ein System S, das aus mehreren Teilsystemen S 1, S 2,… besteht, kann Eigenschaften, z.B. E, haben, die zu allen Eigenschaften E 1, E 2, … der Einzelsysteme inkommensurabel sind, d.h. deren Vorhandensein durch eine Messung von E 1, E 2, … möglicherweise zerstört wird. Solche Eigenschaften heißen ganzheitlich. (Beispiel: nach LUDWIG a.a.O.: Das System S sei ein makroskopischer Körper, etwa ein Tisch. Es ist zusammengesetzt aus Teilsystemen S 1, S 2, …, nämlich Elektronen und Atomkernen. Eine ganzheitliche Eigenschaft E ist die Festigkeit des Tisches, Eigenschaften E 1, E 2, … der Teile sind zum Beispiel die Orte aller Elektronen und Atomkerne. Will man dieses E 1 messen, so muß man den Tisch mit einem Riesen-Gammastrahlenmikroskop beobachten. Diese Beobachtung verwandelt aber den Tisch in einen wirren Haufen von Atomkernen und Elektronen und macht die Eigenschaft E, die Festigkeit, zunichte. Die Messung der E 1 zerstört also die ganzheitliche Eigenschaft E des Tisches.)"

Der maskroskopische Tisch entspricht unserem starren Wozuding. Man kann versuchen, diesem starren Wozuding über sägen, bohren, hämmern und alle anderen Arten handwerklicher Betätigung näher zu kommen. Man kann dann weiter versuchen, die Beziehung des menschlichen Körpers zu diesem starren Wozuding aufzuklären, wie wir dies in unseren Schriften bisher getan haben.

Man kann sich auch Gedanken darüber machen, weswegen Ludwig von einem Wozuding, dem Tisch ausgeht, weswegen geht er nicht von einem Felsblock aus? Das hat seine Gründe, wahrscheinlich müßte er doch erst aus dem Felsblock eine Art oder Abart von Wozuding machen nach Art des Tisches, um das zeigen zu können, was er braucht, die „Ganzheit".

Wir fragen nun ebenso wie Ludwig nach dem Verhältnis von Tisch zu dem wirren Haufen von Atomkernen und Elektronen. Wir können aber nicht so schnell vorgehen wie Ludwig, sondern wir fragen, ob nicht doch eine Einheit zwischen beiden besteht oder ein sonstiger Zusammenhang und wie dieser Zusammenhang ist. Wir meinen, daß im Horizont des Tisches schon auf verschiedenste Art und vielleicht über Zwischenglieder der Haufen von Atomen usw. auftaucht. Schon dieser einfache Gedanke, was wird, wenn man das Holz des Tisches in immer kleinere Stücke zerteilt, führt in die Nähe der Atome.

Bei dem Tisch aus Metall, etwa aus Eisen, taucht all das auf, was der Handwerker mit dem Eisen vornehmen kann: Die Erhitzung zur Rotglut, zur Weißglut, die Erhitzung bis zum Schmelzpunkt und damit die Frage, ob es so etwas bei den anderen Metallen auch gibt und in welchem Zusammenhang dies Verhalten zu der Zusammensetzung des Körpers aus Atomen stehen mag.

Dies sind nur zwei Horizonte; in der Art wird es aber viele, viele Horizonte geben oder Wege, die von dem starren Wozuding zu dem Haufen von Atomkernen führen. Wenn es diese Horizonte nicht gäbe, würde es keine Naturwissenschaft geben. Mit Hilfe dieser Horizonte führt der Lehrer den Schüler in die Naturwissenschaft ein; zuletzt steht also im Horizont des Haufens von Atomen der Tisch, wie im Horizont des Tisches der Haufen von Atomen steht.

Eine ähnliche Betrachtung führt vom Wozuding zu den Elementen, zu der Ordnung der Elemente, ferner in die Gebiete der Mathematik und schließlich auch in die modernsten und entlegensten Gebiete der Physik, in die Frage von den Wellen und ihrem Zusammenhang mit den Farben und dem Licht und der Wärme und den anderen Strahlen, schließlich zu den Lehren von Raum und Zeit. Selbst bei den letzten Sätzen über die schwierigsten Gebilde muß es möglich sein, den Zusammenhang mit den Gebilden des Handwerkers, des einfachen Menschen oder des Alltags oder wie man dies sonst ausdrücken will, aufzuweisen.

Man muß sogar noch einen großen Schritt weitergehen: Solange man diesen Zusammenhang sich nicht klar gemacht hat, ist keine Sicherheit gegeben.

Wir würden also nicht sagen, daß die Messung die ganzheitliche Eigenschaft zerstört, sondern höchstens, daß die Messung die ganzheitliche Eigenschaft beiseite rückt, daß also zum vollen Verständnis beide (Ganzheit und Haufen) gehören.

2. Die Beobachtung von Tisch und Haufen

Einigermaßen sicher mögen die Ausgangspunkte Tisch und Haufen von Atomkernen und Elektronen sein. Zweifelhaft scheint mir aber schon zu sein, ob Beobachtung bei Tisch und Haufen dasselbe ist oder bedeutet. Wenn wir Beobachtung des Tisches genauer festlegen wollen, so führt uns das von selbst zur deutlichen Wahrnehmung. Im täglichen Leben wird kaum ein Streit darüber möglich sein, was deutliche Wahrnehmung im Gegensatz zur undeutlichen Wahrnehmung bedeutet. Es gibt viele Umstände, die eine Wahrnehmung undeutlich machen können. Die Wahrnehmung wird etwa undeutlich, wenn der Gegenstand sich von uns entfernt oder wenn er uns zu nahe rückt, wenn die Beleuchtung zu hell oder zu dunkel wird. Die Natur des Gegenstandes kann es auch mit sich bringen, daß die Wahrnehmung wenig ergiebig ist, wie dies etwa bei schwarzen oder durchsichtigen Gegenständen der Fall ist. Wir haben darüber im einzelnen umfangreiche Untersuchungen angestellt, auf die wir hier verweisen. Wir möchten nur noch einen Punkt hervorheben, daß wir nämlich hier in erster Linie von der Wahrnehmung des Gegenstandes in seiner Farbigkeit sprechen, wobei die Farbigkeit aber offensichtlich den Gegenstand nicht erschöpft. Eine andere Frage ist allerdings, ob nicht mit der Farbigkeit vieles andere zutage tritt.

Daran schließt sich unmittelbar die Frage, ob wir überhaupt berechtigt sind, der Farbe oder Farbigkeit in dieser Wahrnehmung des Gegenstandes die Rolle zuzuweisen, die gang und gäbe ist, etwa in der Art, als ob der Gegenstand erst mit Farbe oder über Farbe wahrgenommen wird. Man kann ebenso gut den Standpunkt vertreten, daß der Gegenstand Tisch u.a. in Farbigkeit auftaucht und zugleich mit Festigkeit, Dinghaftigkeit und vielen anderen Eigenheiten, mit einer Umgebung, und schließlich in einer Welt, die immer schon mitgegeben ist. Auf das Verhältnis von Wahrnehmung und Beobachtung wollen wir uns hier nicht einlassen, ich meine, daß wir für unsere Zwecke beide hier gleich setzen können.

Dieser Tisch, von dem wir hier sprechen, ist kein Kunstprodukt von uns, ihn gibt es mit den Zusammenhängen, die wir angedeutet haben, schon immer. Ob und wie er sich von einem Felsblock unterscheidet, untersuchen wir an dieser Stelle nicht.

In welcher Beziehung steht nun dieser Tisch, den wir so vielleicht einigermaßen festgelegt haben, zu dem wirren Haufen von Atomkernen und Elektronen? Kann man bei beiden Gegenständen von Wahrnehmung, insbesondere von deutlicher Wahrnehmung oder von Beobachtung, reden?

Wir können diese Frage nicht beantworten. Unsere Arbeit besteht darin, dem Sinn dieser Frage etwas näher zu kommen.

Wir könnten bei der Festlegung der Deutlichkeit in der Wahrnehmung noch etwas vorsichtiger oder weitläufiger verfahren. Von Deutlichkeit werden wir ohne große Schwierigkeit bei dem Tisch reden. Doch können wir auch bei dem Stern oder Sternbild in ähnlicher Weise von Deutlichkeit reden, insofern als der Stern eine bestimmte Helligkeit hat und in dem großen Sternverband eine bestimmte Stelle einnimmt. Der Fachgelehrte wird noch mehr Eigenheiten eines bestimmten Sternes, – sei es direkt, sei es indirekt –, aufstellen können. Dieser Stern oder dieses Sternbild kann nun auch wieder wenigstens in gewissem Sinne, deutlich oder undeutlich – etwa bei Nebel oder bei anbrechendem Tageslicht – wahrgenommen werden. Wir meinen allerdings, daß die Undeutlichkeit hier, wenigstens in dem Gesamtbild, eine etwas andere Bedeutung hat. Wenn wir aber bei den irdischen Gegenständen bleiben, so gibt es die großen Unterschiede in der Deutlichkeit und das allmähliche Hineinwachsen in die Deutlichkeit, das jedermann kennt, etwa so: ist das, was wir da hinten sehen, ein Mensch oder ein Strauch oder ein Stück Wäsche, ist es ein Mann oder eine Frau? Von diesem Zustand der Ungewißheit gibt es dann Übergänge bis zur größtmöglichen Deutlichkeit. Diese größtmögliche Deutlichkeit bei einem starren Körper oder einem Wozuding ist in einer bestimmten Entfernung vom Auge zum Körper gegeben. Kommt das Ding dem Auge noch näher, so wird es undeutlich. Die Deutlichkeit kann sich aber noch heben bei Anwendung von Lupe oder Mikroskop. Auch bei Anwendung dieser Hilfmittel bleibt die Struktur des Gegenstandes oder Dinges aufrechterhalten. Wir können allerdings sehr bald nicht mehr sonst mögliche Nachprüfungen durch Betasten oder durch Herumgehen – wie Husserl sagen würde – vornehmen.

Die Untersuchung dieser Deutlichkeit führt uns dann auch in das Gebiet der Illusion. Dies ist ein umfangreiches Gebiet. Wir wollen vorläufig nur unterscheiden, ob uns der Gegenstand oder das Ding in einer bestimmten Ungewißheit entgegentritt, ohne daß wir zu einer unmittelbaren Auffassung des Dinges kommen, also den Zustand, in dem wir sozusagen hin und her raten, von dem Zustand, in welchem wir in der Wahrnehmung selbst eine bestimmte Auffassung vom Gegenstand haben, die sich nachher als irrig erweist, oft in der Art, daß sie durch eine bestimmte andere Auffassung abgelöst wird.

Dies Moment der Auffassung ist nun, vergleichbar mit dem Moment der Deutlichkeit, in jeder Wahrnehmung enthalten. Unter Wahrnehmung ohne Auffassung kann man sich schlecht etwas vorstellen.

Wir haben in den Beiträgen, 1910, S. 98 versucht, bei Behandlung der Illusion etwas Klarheit in diese Verhältnisse zu bringen.

Diese Lehre von deutlicher Wahrnehmung, von Illusion und Auffassung hat nun möglicherweise in verschiedenen Gebieten einen verschiedenen Sinn, etwa bei Lebewesen, bei Wozudingen, bei Stoffen, bei Eigenschaften und allem, was es sonst geben mag. Das wollen wir an dieser Stelle nicht untersuchen. Der Vergleich von Ludwig, von dem wir ausgehen, setzt aber eigentlich eine solche Untersuchung voraus. Wir wollen uns dabei nicht mit Nebensächlichkeiten aufhalten. Ludwig scheint z.B. die Wozudingeigenschaft des Tisches zu übersehen, die mit der Art seiner Ganzheit eng zusammenhängt. Dies Wozuding verwandelt sich nicht in einen Haufen von Atomen und Elektronen, sondern höchstens das Auswas des Wozudinges, wobei das Verhältnis von Auswas und Wozuding noch völlig ungeklärt ist. Diese und ähnliche Fragen lassen wir beiseite, und stellen nur die Frage, ob Beobachtung und Wahrnehmung in den beiden Fällen dasselbe geblieben ist, wenigsten insofern, als man im selben Sinne in beiden Fällen von Deutlichkeit, Undeutlichkeit, von Illusion und von Auffassung reden kann. Sicher kann man nicht in beiden Fällen im gleichen Sinne oder überhaupt in einem Sinne vom „aus was" des Gegenstandes, also des Tisches und vom „aus was" des Atomkerns, vom „aus was" des Elektrons reden.

Mit diesen Fragen hängt eng zusammen die Frage, ob nicht auch die mitwahrgenommene Umgebung des Tisches oder des Haufens von Atomen, die Einbettung in eine Umgebung und das Verhältnis zur Umgebung und schließlich auch das Verhältnis der beiden Gegenstände zur Welt innerhalb der Beobachtung oder Wahrnehmung so verschieden ist, oder daß es wenigstens so schwierig ist, dies Verhältnis zu fassen, aufzufassen, daß es sehr gewagt ist, nicht nur den Tisch mit dem wirren Haufen von Atomen und Elektronen zu vergleichen, sondern überhaupt schon sie in Beziehung zu setzen. Die erste Beziehung, die sich aufdrängt, dieser Tisch hier besteht in Wirklichkeit aus Atomkernen und Elektronen, hält einer ernsten Prüfung nicht stand.

Ob man die Untersuchung der Deutlichkeit in Beobachtung und Wahrnehmung auf Gegenständlichkeiten wie Tisch und Haufen von Atomkernen und Elektronen beschränken kann, und ob man bei dieser Beschränkung Illusion und Auffassung erschöpfend behandeln kann, mag fraglich sein. Wir wählen aufs Gratewohl Beispiele, bei denen man auch von Wahrnehmung und Beobachtung reden könnte, bei denen es aber doch schwieriger ist, von Deutlichkeit und all den anderen Bestimmtheiten zu reden. Wie ist es zum Beispiel in dieser Hinsicht bei dem Gewitter oder auch bei Donner und Blitz, haben beide einen bestimmten Ort? Wie ist es mit dem Regenbogen? Wo befindet sich der Regenbogen? Wie ist es mit dem Abschuß aus einem Geschütz? Wie ist es mit dem Trommelfeuer im Kriege? Wie ist es mit den Prismenfarben? Wie ist es überhaupt hinsichtlich der Deutlichkeit und der anderen Momente bei den Farben jeder Gestaltung, bei den Tönen, bei Kälte und Wärme? Wie ist es, um auf ein ganz anderes Gebiet zu kommen, bei den Körpern oder Leibern der lebenden Wesen, der Bäume, Tiere oder Menschen? Was gehört zur deutlichen Gegebenheit eines Blattes oder einer menschlichen Hand oder des menschlichen Kopfes? Wenn wir von unserem Beispiel vom Tisch und Haufen von Atomkernen ausgehen, und dabei schon auf Schwierigkeiten stoßen, so sind diese unvergleichlich viel größer bei einer Gegenüberstellung von Kopf oder Hand oder Blatt und einem entsprechenden Haufen von Atomkernen und Elektronen. Der Kopf verweist auf eigene Art auf eine Welt von Geschichten. Ohne diese Geschichten ist er nicht Kopf. Sie tauchen mit ihm auf, aber nur in Andeutungen. Diese Welt, die hier auftaucht, kann sicher auch mehr oder weniger deutlich auftauchen. Der letzte Grad der Deutlichkeit mag in einer vollendeten Biographie vorliegen. Zugleich zeigt dies Beispiel, daß man in diesem Bereich zwar auch von Deutlichkeit und Undeutlichkeit reden kann, aber doch wohl nicht im selben Sinne, wie bei dem Tisch. Man kann uns allerdings entgegenhalten, daß man etwa bei einem kostbaren alten Tisch doch in der Wahrnehmung hingewiesen ist auf viele Geschichten, die mit ihm verknüpft sind.

Am Schlusse dieser ersten Betrachtung mögen wir feststellen, daß wir bei dem Tisch zwar nicht wissen, was Wahrnehmung, was Deutlichkeit der Wahrnehmung, was Illusion, was Auffassung, was Gegenstand, was Meinungsgegenstand ist. Daß wir aber immerhin mit einiger Bestimmtheit aufweisen können, was wir darunter verstehen, während diese Bestimmtheit bei dem entsprechenden Haufen von Atomkernen und Elektronen zunächst verloren geht. Dabei kann auch das Riesen-Gammastrahlenmikroskop nicht viel nützen.

3. Die Auffassung in Bezug auf Tisch, in Bezug auf Haufen. Die Funktion der Wellen in Bezug auf den Tisch und Haufen. Oberfläche des Wozudinges und Geometrie

Bei dem Tisch können wir sein Äusseres und sein Inneres unterscheiden. Wir können festlegen, was unter Oberfläche des Tisches zu verstehen ist. Wir können in Verbindung mit der Oberfläche nach der Abgrenzung des Tisches gegen seine Außenwelt fragen, wir können uns Gedanken über die Identität des Tisches in Hinsicht auf etwas wie Zeit machen, ohne uns hinsichtlich der Zeit auf eine Theorie festzulegen. Wir können nach dem Verhältnis der Teile des Tisches zueinander fragen. Wir können hinsichtlich der Teile selbst, etwa hinsichtlich der Schubläden oder hinsichtlich der Tischplatte, ähnliche Fragen wie hinsichtlich des Tisches stellen. Wir können dann versuchen, ähnliche Fragen hinsichtlich des Atoms, des Atomkerns und des Elektrons aufzuwerfen. Hat dies Atom eine Oberfläche? Hat es ein Inneres und Äusseres? Ist es abgegrenzt gegen seine Umgebung? Ist es im Laufe der Zeit identisch mit sich selbst, wie verhält es sich zu seinen Teilen, wie ist es mit der Selbständigkeit der Teile? Welche Beziehungen bestehen zwischen der Wahrnehmung durch Gammastrahlen und der Wahrnehmung durch die Strahlen des Farbenprismas? Kann man überhaupt eine solche Frage stellen?

Welcher Zusammenhang besteht innerhalb des Haufens der Atomkerne? Entspricht in diesem Haufen auch bei Gammastrahlenbeobachtung noch irgendetwas dem Tisch? Oder wie verhält sich überhaupt die Gammastrahlenbeobachtung zu der Beobachtung durch die anderen Strahlen? Man könnte auch so fragen: Im Fortschreiten der Wissenschaft kommen wir schließlich zu den Farbstrahlen oder zu den Wellen, die den Farben entsprechen. Wir sind imstande, die Beziehung zwischen diesen Wellen und den Farben festzulegen, wenn dabei im einzelnen auch vieles unklar bleibt. Wir kommen dabei von den Wellen, die den Farben entsprechen, zu den anderen Wellen. Ein Teil dieser Wellen, so etwa die Gammastrahlen, haben nun Beziehungen zu den Atomkernen und den Elektronen. Können die Wellen, die den Farben entsprechen, diese Beziehungen schon aus dem Grunde nicht haben, weil sie zu groß sind? Können vergleichbare Beziehungen erst auftreten gegenüber einem „Haufen" von Atomen und nur in der Art, daß dieser Haufen um so größer sein muß, je größer die Wellenlänge ist? Kann erst bei solchen Haufen von Atomen etwas wie Farbe, Oberflächenfarbe, Äußeres oder Inneres eines Dinges auftreten? Und kann erst unter solchen Verhältnissen auch von Beobachtung oder Wahrnehmung im üblichen Sinne die Rede sein? Tritt erst dann dies Moment zu Tage, daß wir über die Farbe oder vorsichtiger ausgedrückt, in irgendeinem Verhältnis zur Farbigkeit in das Innere eines Dinges oder Gegenstandes oder Teiles der Welt sehen oder zu sehen meinen.

Diese Bestimmtheiten im Innern stehen wieder in engster Beziehung zu dem Sägen, Bohren, Hämmern und damit zu den Geschichten. Dies Auftauchen des Gegenstandes, des Tisches, in seiner Farbigkeit oder über seine Farbigkeit und über Sägen, Bohren, Hämmern als Zwischenstationen seines Daseins, hängt eng zusammen mit den Lichtwellen, insbesondere mit der Art, wie sich die Lichtwellen an der Oberfläche des Dinges verhalten. Dies Verhalten steht wieder in engster Beziehung zur Oberfläche des Dinges – es richtet sich tausendfach nach der Oberfläche und zwar nicht als äußersten Rand des Dinges, sondern nach der Oberfläche mit einer gewissen Tiefe, die schon wieder in Zusammenhang steht mit dem Stoff des Dinges, in Bezug auf welchen die Oberfläche Oberfläche ist. Man kann vielleicht versuchen, dies etwas klarer zu machen, wenn man berücksichtigt, daß die Oberfläche in „Wirklichkeit" nicht eben ist, sondern in gewissem Sinne auch einer Hügellandschaft zu vergleichen ist, im Verhältnis zu den Wellenlängen des Lichtes. So schwierig nun das Verhältnis „Ding", „Oberfläche", „Oberflächenfarbe", „Wellenspiel an der Oberfläche" des Dinges sein mag, insbesondere das Verhältnis von Wellenspiel und Farbe einerseits und damit in Verbindung das Verhältnis von Wahrnehmung und Dingfarbe, sowie das Verhältnis von Wahrnehmung und Wellenspiel, so ist doch unvergleichlich viel schwieriger das Verhältnis der Gammastrahlen zum Atomkern und Elektron. Es fehlt hier insbesondere an der Farbigkeit oder etwas entsprechendem oder jedenfalls an dem direkten Verhältnis Spiel der Wellen, Farbigkeit der Oberfläche, Oberfläche und damit an einem Direktverhältnis zum Raum und zur Geometrie, wie sie bei dem starren Wozuding gegeben ist. Wenn dies letzte Verhältnis auch bei dem weiteren Ausbau schließlich zu Widersprüchen führt, so bedeutet das wohl nur, daß die Grundlagen leichtsinnig verlassen werden, daß man zu schnell von der Erde auf etwas wie Universum kommen will. Was bleibt an Bestimmtheiten des Atomkerns, des Elektrons, inwieweit können die Orte Eigenschaften sein, sind Orte im Tisch oder im Haufen gemeint?

4. Das Licht und die Gegenstände. Licht und Helligkeit, Durchsichtigkeit, Raum
Wir können die Frage, die wir hier aufwerfen, auch noch unter

einem anderen Gesichtspunkt prüfen. Es handelt sich bislang um das Verhältnis Wozuding – Tisch zum Auswas des Wozudinges und das Verhältnis dieses Auswas zum wirren Atomhaufen. Wir waren dabei auf das Verhältnis der Lichtstrahlen zu den Gammastrahlen gekommen. Bei diesem Verhältnis haben wir aber vielleicht eine Stufe übersprungen. Ebenso wie wir vom Wozuding zum Atomhaufen vorzudringen versuchen, könnten wir den Versuch machen, von dem „Licht" zu den Lichtwellen zu kommen und dann fragen, ob es eine solche Entsprechung auch bei den Gammastrahlen gibt.

Was ist zunächst das Licht und sein Verhältnis zu dem, sagen wir vorläufig, in Farbigkeit auftauchenden Wozuding, also etwa das Verhältnis der Sonne zu unserer Umgebung auf Erden und insbesondere zu den Wozudingen in dieser Umgebung oder das Verhältnis der Lampe in unserem Arbeitszimmer zum Tisch, zu den Stühlen und zu den Geräten.

Wann taucht zuerst die Frage nach diesem Verhältnis auf? Sonne oder Lampe sind unentbehrlich, wenn wir unsere kleine Welt mit den Wozudingen gegenständlich haben wollen. Aber wie schaffen Sonne und Lampe das, diese gegenständlich zu machen? In der Genesis ist die Rede von dem großen Licht, das den Tag regiert. Ist damit schon die Frage aufgeworfen, wie die Sonne dies macht? Verwandt mit dieser Frage mag sein, wie das Wozuding es fertig bringt, sich uns in Farbe darzustellen. Ich glaube mich aber zu erinnern, daß ich als Kind als selbstverständlich annahm, daß ich zu dem Ding in Beziehung trat und nicht daß das Ding irgendwie in meinen Kopf hineinging.

Die Untersuchung der Beziehung Licht – Ding möchte wohl zunächst eine Untersuchung des Lichtes erfordern. Man könnte dabei zunächst an die selbstleuchtenden Körper denken. Näher liegt es aber wohl, bei der Untersuchung des Lichtes mit der Sonne zu beginnen. Dabei ist dann gleich das eigenartige, daß die Sonne, welche die ganze Welt erhellt, so klein erscheint im Verhältnis zur Welt, daß diese Leistung ganz unerklärlich ist. So ist zum Beispiel die Leistung der Herdfeuers im Verhältnis zur Stube, die es erleuchtet, fast unendlich viel geringer, als die Leistung der Sonne im Verhältnis zur Welt im alten Sinne.

Ich getraue mir nicht festzustellen, wie die Alten sich das Verhältnis von Lichtquelle und Sichtbarwerden der Gegenstände dachten, aber immerhin lag die eine Beziehung auf der Hand, daß es hell wurde mit Sonnenaufgang und dunkel mit Sonnenuntergang. Weiter ließen sich die Beziehung zwischen Licht und Schatten feststellen und viele andere eigenartige Beziehungen, etwa die Beziehung, daß die Sonne nicht die Sterne erleuchtete, sondern umgekehrt, die Sterne zum Verschwinden brachte daß man aber andererseits aus einem tiefen Brunnen die Sterne am Tage sehen konnte.

Weiter stellte man früh Untersuchungen an über das Verhältnis von Licht und Feuer, über die Erzeugung von Licht und Feuer, über das Verhältnis von Wärme und Licht. Mit all diesen Beobachtungen könnte man sicher Bände füllen; welche Beziehung aber zwischen dem Licht und dem Sichtbarwerden der Gegenstände bestehen mochte, trat kaum in den Gesichtskreis. Im wesentlichen blieb wohl das Licht, wie etwa bei dem selbstleuchtenden Körper, ein eigenartiger Gegenstand. Wie dieser es fertig brachte, die Gegend oder Umgegend zu erleuchten, dies tauchte nicht einmal als Frage auf. Es ist zweifelhaft, ob wir die Frage ausreichend formulieren können und wie man sie formulieren müßte. Ist das Licht, welches die Welt erhellt, oder welches das Zimmer erhellt, identisch mit dem, was als Sonne auftaucht, was als Herdflamme auftaucht oder in welcher Beziehung steht das Licht zu diesem Phänomen. Die Sachlage reizt dazu, hier mit dem Ausdruck Phänomen zu arbeiten.

5. Das Verhältnis von Lichtwellen zu den Lichtphänomenen. Die Dunkelheit

Dies Licht steht in eigenartiger Beziehung zu Dunkelheit durch die Helligkeit, welche es mit sich bringt. Diese Helligkeit mag ungefähr dasselbe sein, wie Durchsichtigkeit. Sie steht auch in enger Beziehung zum Raum. Ob eine Beziehung zwischen Dunkelheit und Raum besteht, ist mir fraglich. Muß man etwa bei der Dunkelheit noch unterscheiden, die Dunkelheit bei geschlossenen Augen, von der Dunkelheit bei geöffneten Augen? Wie ist die Beziehung zwischen Dunkelheit und Raum? Läßt sich die Dunkelheit als Phänomen nur festhalten mit Hilfe der Helligkeit, über die Zwischenstufe der Dämmerung als Endpunkt der Reihe Helligkeit, Dämmerung usw.?

Wie kann man dann das Phänomen Helligkeit noch schärfer fassen? Ist Helligkeit gleich mit Durchsichtigkeit und setzt sie einen Gegenstand, etwa ein starres Wozuding, oder eine Vielheit oder eine kleine Welt von starren Wozudingen oder von starren Gegenständen voraus, und setzt die Helligkeit weiter noch den Beobachter in seiner Entfernung von den gegenüberstehenden Wozudingen oder noch besser, einen Platz des Beobachters in dieser Welt der starren Wozudinge voraus? Genügt es etwa nicht, als Grundlage der Helligkeit nur ein Licht, etwa die Sonne, anzunehmen und einen Beobachter, der sozusagen aus dem Nichts heraus beobachtete. Dieser würde kaum zu einer Vorstellung von Helligkeit kommen. Zur Vorstellung von Helligkeit scheint etwas wie Raum zu gehören. Dieser Raum tritt aber als Phänomen erst auf im Zusammenhang mit den starren Wozudingen, die beleuchtet werden. Der normale Fall für dies Auftreten von Helligkeit und Raum, ist das Gegenständlichwerden der Erde mit den irdischen Dingen bei Tageslicht. Dies Auftreten von Helligkeit und Raum ist nicht abhängig von Sonnenschein, sondern tritt auch auf bei bedecktem Himmel. Diese Helligkeit wird dann auch gegenständlich in der Richtung zum Himmel, aber soweit ich feststellen kann, nur in Verbindung mit Räumlichkeit, Helligkeit, Durchsichtigkeit auf Erden, im Verhältnis des Beobachters zu den irdischen Dingen. Ich möchte annehmen, daß das Licht allein ohne Mithilfe von beleuchteten Körpern, von beleuchteten starren Dingen nicht das Phänomen Helligkeit, Durchsichtigkeit zu Wege bringt.

Die Frage ist nun, wie kommt man von diesen Phänomenen, die wir hier wahrscheinlich zu kurz und mit Gefahr von Mißverständnissen aufgezeigt haben, zu der Lehre von den Lichtwellen und den verwandten Lehren? Welche Beziehung besteht zwischen dem Verhältnis des Stoffes der Wozudinge zu dem wirren Atomhaufen einerseits und den von uns aufgewiesenen Phänomenen von Licht, Helligkeit, Durchsichtigkeit zu den Lichtwellen andererseits?

Wir werden dabei berücksichtigen müssen, daß der Gegenstand auch in der Dunkelheit existiert oder fortexistiert und in Dunkelheit und Helligkeit derselbe bliebt, wenngleich diese Selbigkeit vielleicht einer scharfen Nachprüfung nicht standhält. Allerdings bleibt wohl eine Selbigkeit im „wesentlichen" vorhanden. Hinsichtlich dieser Selbigkeit tauchte nun irgendwann die Frage auf, ob dieser Änderung der Phänomene von Dunkelheit zu Helligkeit eine Änderung in einer anderen Schicht entspräche, eine Änderung im Verhältnis der Gegenstände zueinander. Früher hätte man wohl gesagt, eine Änderung in der realen Welt. So konnte man aber nur fragen, als man die Änderung von Dunkelheit in Helligkeit und umgekehrt nicht für eine Änderung in der realen Welt hielt. Wir werden heute nicht den Wert einer solchen Aufklärung vollständig verneinen, können uns aber doch mit dieser Erklärung nicht zufrieden geben. Wir werden etwa sagen, nach dieser Auffassung würde der Dunkelheit ein Nichts im Gebiet zwischen den Gegenständen entsprechen, während der Helligkeit ein kompliziertes Wellengeschehen zwischen der Gegenständen entspricht. Wir müßten dann allerdings aufklären, was die Rede von einem Raum zwischen den Gegenständen in der Dunkelheit bedeutet. In erster Linie scheint doch der Raum zwischen den Gegenständen in der Dunkelheit zu verschwinden. Oder gehen wir jetzt von einem anderen Gegenstand oder Begriff Raum und Zwischenraum aus, der jenseits von Helligkeit und Dunkelheit steht. Diese Möglichkeit liegt insofern nahe, als etwa der Gegenstand Welt weitgehend unabhängig zu sein scheint von Helligkeit und Dunkelheit. Da taucht dann allerdings sofort die weitere Frage auf, gehört nicht die Helligkeit irgendwie zur Welt und kann die Dunkelheit immer nur einen kleinen Platz in dieser Welt einnehmen. Wir möchten zunächst davon ausgehen, daß Welt und Beziehung zur Welt Helligkeit und Räumlichkeit und in gewissen umgekehrten Sinne auch Dunkelheit voraussetzt.

6. Das Verhältnis von Licht und Sehen

Es besteht ständig die Gefahr, daß man die einzelnen Momente verselbständigt und dabei aus dem Auge verliert, daß es sich nur um Momente eines Umfassenden handelt. Die Helligkeit und die Durchsichtigkeit in der Welt setzt nicht nur Beziehungen zwischen dem Licht und dem erleuchteten Gegenstand und dem menschlichen Körper, insbesondere etwa dem Auge voraus, sondern es liegt nahe bei dieser Beziehung dem Licht die Priorität gegenüber der Erleuchtung des Körpers zuzuerkennen und dem erleuchteten Körper wieder die Priorität im Verhältnis zum menschlichen Auge. Es fragt sich, worauf dieser Gedanke beruht. Man kann die Priorität kaum sichtbar machen. Wenn das Feuer oder das Licht da ist, ist es auch sofort hell. Man kann allerdings die Abhängigkeit in der Deutlichkeit des Auftauchens des Körpers von dem Grade der Helligkeit des Lichtes konstatieren. Je stärker man die Lichtquelle macht, desto mehr und desto besser sieht man. Wenn ich 5 Kerzen anzünde, sehe ich mehr und besser als bei einer Kerze. Das entspricht dem Satze, daß die Beleuchtung abhängig ist von der Stärke des Lichtes. Wenn das der Fall ist, liegt der Gedanke nahe, daß eine Beziehung besteht zwischen dem Licht und dem beleuchteten Körper, die vom Licht ausgeht und sich auf den Körper erstreckt und vom Körper wieder zum Auge geht. Diese Beziehung könnte vielleicht in einer Bewegung bestehen, die vom Licht zum Körper führt und vom Körper irgendwie zum Auge. Diese Bewegung könnten wir uns allerdings nur denken als eine irdische Bewegung, wie wir sie aus der starren Körperwelt als Bewegung von starren Körpern, oder vielleicht auch als Wellenbewegung in flüssigen Körpern oder sonstwie kennen. Bei diesem Gedankengange ist schon Welt vorausgesetzt oder sind vielmehr Wozudinge, Geschichten, Welt vorausgesetzt. Wir müssen bei diesem Gedankengang ständig im Auge behalten, daß Welt zunächst nur auftaucht im Gebiet des deutlichen Sehens oder in der begrenzten Fortsetzung dieses Gebietes auf Erden und daß nur innerhalb dieses Gebietes von Gegenständen, Licht und Beleuchtung die Rede sein kann und nach dem Verhältnis dieser Gebilde gefragt werden kann. Die Sonne kann nur mit Vorbehalt in diese Welt aufgenommen werden. Die Sterne gehören nicht zu dieser Welt, weder als Gegenstände, noch als Lichtquellen.

Man möchte vielleicht sagen, über die Lichtwellen kommen wir zur Oberfläche der starren Körper; diese Oberfläche mag dem Zustande der Wellen an der Oberfläche entsprechen. Dann wäre der Raum das Vermittelnde. Aber was nützen die Lichtwellen für die Vergegenständlichung des Zwischenraumes zwischen mir und dem starren Körper oder für die Vergegenständlichung der Helligkeit des Raumes?

7. Versuch über die Auffassung. Auffassung, Welt und Geschichten. Welt ohne Geschichten

Wir gehen in den folgenden Kapiteln noch näher auf die Auffassung ein; es ist möglich, daß wir uns dabei wiederholen. Wir waren auf die Auffassung von verschiedenen Seiten her gekommen, die wir aber nicht genau gegeneinander abgrenzen konnten. Wir können dies auch heute noch nicht. Man kann ungefähr sagen, alles ist Auffassung, alles ist Meinung und jeder Versuch, auf ein letztes, nicht mehr Aufgefaßtes zu kommen, auf etwas jenseits von Auffassung, ist von vornherein zum Scheitern verurteilt. So mag es zunächst naheliegen, wenn wir von unserem ersten Beispiel Tisch ausgehen, den wirren Haufen von Atomen, von Atomkernen und Elektronen, vielleicht mit samt den Wellen oder nach neuerer Sprechweise, mit samt dem Felde, als das ursprüngliche, als das, was allem zugrunde liegt, aufzufassen. Natürlich dürfen wir hier nicht sagen „auffassen". Damit hätten wir das ganze Konzept verdorben. Dann würde die Auffassung als wirrer Atomhaufen nur eine andere Auffassung von Etwas bedeuten, neben der Auffassung dieses Etwas als Tisch, der zum Essen oder Schreiben dient. So ist aber die Meinung wiederum nicht. Mit dem Atomhaufen wäre man doch in Wirklichkeit näher an eine Wirklichkeit herankommen. Wenn allerdings die letzte Wirklichkeit in den Geschichten liegt, so würde doch der Eßtisch näher an die Wirklichkeit herankommen als der wirre Haufen von Atomen.

Bevor man sich hier entscheidet, muß man die Auffassung noch erst viel umfassender studieren. Dabei taucht immer dieselbe Schwierigkeit wieder auf, daß ein Nicht-aufgefaßtes nirgends begegnet. Man kommt immer nur so weit, daß man sagt, wenn es etwas Aufgefaßtes gibt, muß es auch etwas Nicht-aufgefaßtes geben.

Wir sind gewöhnt, die Auffassung in nahe Beziehung zu Gattung und Begriff und verwandten Ausdrücken zu bringen. Mit dieser Gewohnheit haben wir gebrochen. Wir sprechen statt dessen zunächst lieber von Reihen und Einreihung, ohne daß damit das letzte Wort gesagt ist.

Wir meinen, daß uns zunächst überall Ganzheiten entgegentreten, aber Ganzheiten, die Strukturen oder Momente aufweisen. Aber diese Strukturen und Momente fassen wir wieder nicht nach dem Schema von Gattung und Begriff auf, sondern höchstens nach gleichzeitiger Zugehörigkeit zu anderen Ganzheiten. Das letzte und sicherste Beispiel für diese Ganzheiten bleibt dann immer die sinnvolle Geschichte. Diese ist aber mehr als ein Beispiel. Sie ist die Grundlage für jede Rede. Allerdings entfernt sich die Rede mehr oder weniger offen von dieser Grundlage. Wir meinen aber, daß diese Entfernung ein Fehler der Rede oder eine Schwäche in der Rede bedeutet, oder eine Abkürzung oder irgendetwas anderes, was in dieser Richtung liegt. Und wir meinen, daß man bei intensiver Beschäftigung mit allem, was in der Rede vorgetragen wird, auf Geschichten kommt, oder bei Geschichten endigt.

Dabei müßten wir uns doch näher auslassen über das Verhältnis von Auffassung und Geschichten. Beide stehen sich sehr nahe. Versuchsweise könnten wir zunächst sagen, daß die Auffassung in Geschichten einordnet. Dabei ordnet die Auffassung eine Teilgeschichte in immer umfangreichere Geschichten ein, die immer schon im Horizont der Einzel-Geschichten stehen. Und dabei sucht sie wieder in den Teilgeschichten nach Untergeschichten, die sie wieder zu verselbständigen versucht.

Man kann auch versuchen dem Verhältnis von Auffassung und Geschichten von einer anderen Seite näher zu kommen, indem man nach dem Verhältnis von Welt und Geschichten fragt. Diese Frage ist keineswege eindeutig. Zunächst könnte man versuchen, sich unter Welt ohne Geschichten und vielleicht auch unter Geschichten ohne Welt etwas vorzustellen. Die erste und einfachste Art der Antwort wird davon ausgehen, daß Welt ohne Geschichten einen ganz klaren Tatbestand bildet und daß Geschichten ohne Welt nirgends vorkommen können. Zuerst war die Welt, daß heißt wohl ungefähr die Welt mit Raum und Zeit und Stoff. In dieser Welt entwickelte sich dann durch eigenartige Zusammensetzungen im Stoff das Leben und im Lebendigen entwickelte sich dann der Mensch mit seinen Geschichten. Man könnte dann allerdings fragen, ob nicht doch die Geschichten so alt seien wie die Welt, wenn im Stoff schon jederzeit die Möglichkeit der Entstehung von Leben und damit der Entstehung des Menschen und damit der Entstehung der Geschichten gegeben ist. Man müßte nur ähnlich, wie bei der Entstehung des Menschen oder auch des Löwen, über die Geburt zurückgehen auf den Empfängnisakt und von da weiter zurück auf die Entstehung des Samens. Das würde dann weiter zurückführen auf die Geburt der Eltern und von da aus weiter zurück auf die früheren Geburten, ohne Ende. Ob dabei die Umwandlung von Stoff in lebendige Substanz ein alles übertreffender Abschnitt wäre oder ob sie sich einfügte in die anderen markanten Entwicklungspunkte, das wäre wohl schwer zu entscheiden. Wenn man solch einen Entwicklungspunkt annehmen würde, würde allerdings daraus folgen, daß jeder Stoff die Grundlage für die Bildung von Leben enthielte.

Man könnte in diesem Zusammenhang dann weiter fragen, ob sich eine Welt denken ließe, die zwar die Grundlage für das Leben enthielte, in der sich aber die Grundlage nicht entwickelte, dann würde man zu einer Welt kommen, ohne Leben und ohne Geschichten. Man könnte allerdings für diese Welt immer nur behaupten, daß sich bislang kein Leben entwickelt hätte, man könnte wohl nie sagen, daß sich kein Leben entwickeln würde. Man könnte allerdings weiter sagen, daß sich Leben nur bei bestimmten Wärmegraden entwickeln könne usw.

8. Wirklichkeit. Atomwelt und Tischwelt

Wie verhält sich die Welt, die mit Tisch angesprochen ist oder die mit Tisch auftaucht oder hinter Tisch steht, zu der Welt, die in entsprechender Beziehung zum wirren Haufen von Atomen steht? Können wir eine solche Frage überhaupt stellen? Wo bleiben in der Welt im zweiten Sinne, kurzgesagt in der Atomwelt, die Geschichten und alles, was mit Geschichten zusammenhängt?

Was bleibt für die Atomwelt noch übrig?

Mit unserer vorstehenden Überlegung ist nichts darüber gesagt, ob die deutliche Wahrnehmung in eine Wirklichkeit hineinführt, oder ob etwa der Haufen von Atomkernen der Wirklichkeit näher steht als der Tisch.

KAPITEL II

WAS PASSIERT AUF DEM ARKTURUS GERADE JETZT?

LINCOLN BARNETT, *Einstein und das Universum*, S. 54–55: „Eine kompliziertere Situation ergibt sich, wenn wir zum Beispiel versuchen, festzustellen, was auf dem Stern Arkturus (im Bärentreiber) „gerade jetzt" passiert, denn der Arkturus ist 38 Lichtjahre von uns entfernt. Ein Lichtjahr ist der Weg, den das Licht in einem Jahr zurücklegt, also rund 9,46 Billionen Kilometer. Wenn wir versuchen wollten mit Arkturus in Radioverbindung zu treten, würde es 38 Jahre dauern, bis unser Signal sein Ziel erreichte, und weitere 38 Jahre, bis eine Antwort zurückkäme. Und wenn wir auf den Arkturus blicken, haben wir die Illusion, daß er ‚jetzt' (1950) vor uns steht. In Wirklichkeit aber sehen wir ein Gespenst, ein Bild, das auf unserer Netzhaut dadurch entsteht, daß sie von Lichtstrahlen gereizt wird, die ihre Quelle im Jahre 1912 verlassen haben. Ob Arkturus „in diesem Moment" überhaupt noch existiert, das können wir vor 1988 gar nicht wissen."

1. Versuch einer Auslegung. Das konkrete Gerade-Jetzt

Wir beginnen mit einer Auslegung des Satzes: Ich versuche (oder wir versuchen) festzustellen, was auf dem Stern Arkturus „gerade jetzt" passiert. Zunächst vereinfache ich den Satz etwas: Ich frage, was auf dem Arkturus „gerade jetzt" passiert. Die Frage enthält drei Ausdrücke: 1. Arkturus, 2. gerade jetzt, 3. passiert. Diese drei Ausdrücke geben zusammen einen einheitlichen Sinn, aber keinen eindeutigen Sinn. Die Mehrdeutigkeit des Satzes läßt sich nach vielen Richtungen verfolgen. Wie wäre der Satz von Homer, von Plato, von Augustin, von Descartes, von Newton aufgefaßt? Wie wären die einzelnen Ausdrücke in den verschiedenen Zeiten aufgefaßt? Wie erinnern hier daran, daß wir die einzelnen Ausdrücke wieder als Überschriften über Geschichten auffassen, und wir erinnern daran, daß wir auch hinsichtlich des einzelnen Satzes die Frage aufwerfen, wie er sich zu konkreten Geschichten verhält. Diese Frage stellen wir nicht nur für Aussagesätze, sondern auch für Fragesätze. Auch Fragesätze haben ihren Platz in konkreten Geschichten. Unser Fragesatz hat seinen Platz bei Einstein, er mag z.B. in den Hörsaal Einsteins gehören und von da aus seinen Weg nehmen in tausende andere Köpfe. Es scheint sich zunächst nicht um eine Frage zu handeln, von der Art: Wieviel ist 2×2, auch nicht um eine Frage wie: in welchem Erdteil liegt Berlin, sondern um eine ganz labile Frage. Ich kann zu dieser Frage wieder die Unterfrage stellen, welcher Teil der Menschen oder der Menschheit diese Frage überhaupt versteht, und seit welcher historischen Zeit überhaupt ein Verständnis dieser Frage möglich ist. Wenn sich dadurch der Kreis der Menschen, die für ein Verständnis dieser Frage in Betracht kommen, auch stark verringert, so bleibt doch so viel übrig, daß die Frage noch unzählbar viele Male mit immer neuen Inhalt oder immer neu gestellt werden kann. Für den einzelnen, der die Frage stellt, hat sie von Stunde zu Stunde neuen Inhalt. Sobald die Frage von einer Mehrheit gestellt wird, wird man allerdings zugeben müssen, daß die Frage, wenn sie gleichzeitig erhoben wird, denselben Inhalt haben mag.

Wir können nun den Satz etwas verändern. Wir können etwa fragen, was passiert gerade jetzt im Zimmer 15 des Weißen Hauses in Washington? Ebenso können wir fragen, was passiert gerade jetzt in den Vereinigten Staaten, oder was passiert gerade jetzt auf der Erde. Und im Gegensatz dazu können wir fragen, was passiert gerade jetzt in meiner unmittelbaren Umgebung? Alle diese Fragen ändern jederzeit ihren Inhalt. Am einfachsten ist aber offenbar die Frage, was gerade jetzt in meiner unmittelbaren Umgebung passiert. Man könnte etwa sagen, alle anderen Fragen müssen sich wieder auf die unmittelbare Umgebung vom anderen Menschen beziehen. Es mag dabei nicht immer erforderlich sein, daß diese anderen Menschen in dem „gerade jetzt" Moment, wenn es diesen gibt, eine Wahrnehmung haben. Sie werden häufig aus einer früheren oder späteren Wahrnehmung Schlüsse ziehen können, auf das, was gerade jetzt passiert ist, etwa, daß das Zimmer 15 durch das gestrige Erdbeben im damaligen „gerade-jetzt-Moment" keinen Schaden erlitten hat.

Wenn wir nun das „gerade jetzt" schärfer ins Auge fassen, so ist Voraussetzung oder Grundlage für das „gerade jetzt" der in Geschichten verstrickte Mensch und genauer, die Geschichte, in die er jetzt gerade verstrickt ist, mit der ganzen Geschichtenumgebung, die zu jeder Geschichte gehört, und zwar von dieser Geschichte dies Moment des „gerade jetzt." Dies Moment entspricht dem Präsens des Verbums oder auch dem Imperativ; so mag das militärische Kommando: „Stillgestanden" der einfachste Fall für das „gerade jetzt" sein, und ande-

rerseits auch all das, was in Form eines Verbums den cognitiven
Akten und den anderen Akten entspricht, etwa: Ich nehme wahr, ich
denke, ich stelle mir vor, ich liebe, ich hasse, ich bin entschlossen usw.
Wir lehnen zwar die Lehre von den Akten als seelische Verhaltungs-
weisen ab und meinen, daß es sich um Vorkommen in Geschichten
handelt. Für den hier vorliegenden Zusammenhang ist das aber einerlei. Näher wird man an das „gerade jetzt" nicht herankommen können
als über Geschichten. Man könnte allerdings versuchen im Bereich
der Wahrnehmung das Wahrgenommene oder den Gegenstand der
Wahrnehmung scharf zu trennen von der subjektiven Seite der Wahrnehmung. Einem solchen Versuch gegenüber verweisen wir auf unsere
Lehre von Wozuding und Auswas des Wozudings.

Wenn wir die Frage beantworten wollen, was auf dem Arkturus
gerade jetzt passiert, so müssen wir uns vorher darüber klar werden,
was dies „gerade jetzt" zunächst bedeutet. Wir meinen nun, daß die
Urbedeutung aus unseren Geschichten und aus der Wahrnehmung
unserer Umgebung im engsten Zusammenhang mit Geschichten zu
entnehmen ist.

Die nächste Frage mag dann sein, was das „passieren" bedeutet.
Dies mag wieder vieldeutig sein. Früher hätte man vielleicht unterschieden Innenwelt und Außenwelt. Wir, unsererseits, müssen versuchen die Geschichten, die Wozudinge und das Auswas der Wozudinge als Ordnungsschema zu benutzen. Dann sieht man allerdings
bald, daß es gar nicht einfach ist, zu einer widerspruchslosen Ansicht
über das, was „passieren" ist, zu kommen. Die Frage spitzt sich dahin
zu: hat „passieren" einen Sinn ohne Menschen oder nach unserer
Sprechweise, ohne Geschichten? Für den Naturwissenschaftler ist es
die selbstverständlichste Sache der Welt, daß „passieren" einen Sinn
hat, ohne Geschichten und ohne Menschen.

Je nach dem, wie man diesen Sinn von „passieren" auffaßt, ändert
sich auch der Sinn von dem „gerade jetzt." Dabei ist allerdings noch
zu berücksichtigen, daß, wenn man eine Welt annimmt außerhalb
von Geschichten, eine Welt, in der sich außerhalb von Geschichten
etwas ereignet, sofort die Schwierigkeit auftaucht, wie diese Welt in
Beziehung tritt zu den Geschichten, wenn man nicht an das Märchen
von der Netzhaut und den Parallelen dazu glaubt.

2. Das konkrete Individuum und sein Gerade-Jetzt. Der Bereich des Individuums
„Wir versuchen festzustellen, was auf dem Stern Arkturus gerade
jetzt passiert." Dieser Satz, der so klar klingt, enthält doch einige Un-

genauigkeiten. Wir haben auf die Auslegung dieses Satzes viel Zeit und Mühe verwenden müssen und sind uns noch nicht sicher, ob sich dies gelohnt hat. Wir sind uns bis jetzt auch nicht klar darüber geworden, warum der Verfasser diese, wie wir jetzt meinen, unklare und gewundene Ausdrucksweise gebraucht hat.

Ich würde den Satz nicht mit wir beginnen, sondern mit ich beginnen. Nach dem Zusammenhang muß es sich um ein konkretes Individuum handeln, welches den Versuch unternimmt. Ich gehe nun davon aus, daß ich dies konkrete Individuum sei. Dann kann ich zunächst fragen, was im Verhältnis zu mir gerade jetzt passiert. Das „gerade jetzt" setzt dies konkrete Individuum voraus. Nur ein konkretes Individum hat ein „gerade jetzt". Über diesen Satz müßte man sich vielleicht noch länger unterhalten. Wir lassen ihn vorläufig durchgehen. Wenn ich mir aber über dies Verhältnis von Individuum und „gerade jetzt" vorläufig klar geworden bin, so ist die nächste Voraussetzung, daß im Umkreis oder im Bereich des Individuums gerade jetzt etwas passiert. In der Aufgabe ist allerdings danach nicht gefragt, sondern es ist nur versucht, festzustellen, was auf dem Arkturus gerade jetzt passiert. Wir meinen nun, daß der Verfasser sich darüber klar ist, oder sich darüber klar sein müßte, daß Voraussetzung für diesen Versuch einer Feststellung ist, daß zugleich im Bereich des Individuums etwas passiert. Was dies nun wieder ist, daß im Bereich des Individuums etwas passiert, darüber könnte man sich lange unterhalten. Wir beschränken uns auf einige Beispiele, oder besser noch, auf ein Beispiel, das nämlich im Bereich des Individuums das deutlich wahrgenommene, die deutlich wahrgenommenen Ereignisse passieren, wobei vielleicht ein interessanter Unterfall ist, daß nichts passiert. Dies nichts kann dabei durchaus eine positive Bedeutung haben, wenn man z.B. erwartet hat, daß gerade jetzt etwas wichtiges passieren würde. Man sieht daraus schon, daß man, wenn man sinnvoll hierüber sprechen will, sich kaum auf ein „gerade jetzt," sagen wir etwa als Bruchteil einer Sekunde, beschränken könnte. Eine genaue Untersuchung verlangt, daß man zunächst weiter aufklärt, was Ereignis und was deutliche Wahrnehmung ist. Man könnte vielleicht auch von uns verlangen, daß wir die Untersuchung ausdehnen auf das, was man früher als Bereich der inneren Wahrnehmung bezeichnete.

Wir haben jetzt, wenn auch zunächst im groben, „konkretes Individuum", „gerade jetzt" und „passieren" in die nächste und natürlichste Verbindung gebracht. Wenn ich mich nun damit beschäftige, was für mich als Individuum gerade jetzt in meinem Innern oder in meiner nächsten Umgebung passiert, so kann ich dabei nicht von einem Versuch reden, festzustellen, was im Verhältnis zu mir passiert. Was passiert liegt vielmehr offen zutage und bedarf keiner Feststellung.

Ich kann mir nun Gedanken darüber machen, was gerade jetzt an einem 2 Kilometer oder 10 Kilometer oder 100 Kilometer oder 1000 Kilometer von mir entfernten Ort oder was in der Sahara oder am Nordpol passiert. Wenn ich vom Fernrohr absehe, kann das, was in der Entfernung von mir passiert, nicht in dem Verhältnis zu mir stehen, oder in das Verhältnis zumir kommen, in welchem das, was in meiner Umgebung passiert, zu mir steht. In Bezug auf Ereignisse an diesen Orten, könnte aber der Versuch festzustellen, was dort gerade jetzt passiert, einen gewissen Sinn haben. Dieser Sinn wäre wohl abgeleitet, von dem Sinn, von dem wir ausgehen. Ich bin mir auch nicht sicher, ob man nicht sagen müßte: Versuch festzustellen, was gerade jetzt in Moskau *passiert ist*. Seitdem es das Fernsehen gibt, ist die Situation noch etwas schwieriger geworden.

Wir werden verschiedene Fälle unterscheiden müssen. Wir setzen zunächst passieren und sich ereigenen gleich, um das bequeme Hauptwort Ereignis gebrauchen zu können. Dann kann das Ereignis in einer menschenleeren Gegend am Nordpol oder in der Sahara passieren. Ich kann dann nur versuchen festzustellen, was sich in dem Zeitpunkt des „gerade jetzt" ereignet hat. In welcher Verbindung dieser spätere Zeitpunkt mit dem „gerade jetzt" von damals steht, wäre noch nachzuprüfen. Der nächste Fall wäre, daß ich einen Bekannten an dem Orte hätte, an dem sich das Ereignis abspielt und daß ich mit diesem Bekannten Telefonverbindung hätte und er mich unterrichtete, was sich gerade jetzt in seiner Umgebung ereignete, abspielte. Dies ist etwa der Fall, daß im Kriege ein Offizier aus der vordersten Linie den Regimentsstab über den Verlauf eines Angriffs unterrichtet. Dieser Fall steht dem Ausgangsfall am nächsten. Man könnte in diesem Fall davon reden, daß ich feststelle, was sich anderswo ereignet. Die Unmittelbarkeit der Wahrnehmung entfällt aber.

Der nächste Fall wäre die Beziehung zu dem Ereignis über das Fernsehen. Hier liegen aber schon markante Unterschiede zur unmittelbaren Wahrnehmung vor. Mit der Schilderung im einzelnen wollen wir uns nicht aufhalten.

Wenn eine solche Verbindung mit dem Orte des Ereignisses nicht besteht, können wir immer nur versuchen festzustellen, nachträglich festzustellen, was zu dem damaligen Zeitpunkt des „gerade jetzt" passiert ist. Diese Versuche der Feststellung beziehen sich dann stets auf eine Vergangenheit.

Diese Vergangenheit hat mit der Lichtgeschwindigkeit wenig zu schaffen, so lange es sich um irdische Entfernungen handelt. Immer kann ich nur versuchen nachträglich, vielleicht auch mit Hilfe der Lichtwellen oder der verwandten Wellen festzustellen, was in dem „gerade jetzt", in welchem ich hier Beobachtungen gemacht habe, anderswo passiert ist. Ich will damit nicht behaupten, daß es sich hier um eine einfache Angelegenheit handelt. Es mag schwierig genug sein eine Übersicht darüber zu geben, welche Möglichkeiten für eine solche Feststellung und vielleicht sogar für seine solche Fragestellung vorliegen. Die Frage muß sich wohl auf einen Ort beziehen. Der Ort muß zu meinem Orte des „gerade jetzt" feste Beziehungen haben, wie das etwa bei Moskau und Petersburg und Peking der Fall ist.

3. Was passiert gerade jetzt in Moskau, auf dem Arkturus? Wahrnehmung des Sternenbildes, Wahrnehmung des Sternenkörpers

Wenn es sich um ein Ereignis an einem solchen Ort handelte, wäre kein Raum für den Versuch Barnetts. Wir können allerdings ebensogut sagen, es wäre wohl Raum für einen solchen Versuch festzustellen, was in Moskau gerade jetzt passiert, aber dieser Versuch wäre nicht vergleichbar mit dem Versuch von Barnett, denn er kann Moskau nicht sehen, er kann vielleicht nicht einmal die Richtung genau zeigen in der Moskau liegen müßte, auf den Arkturus kann er sozusagen mit dem Finger zeigen und ihn ohne große Schwierigkeiten aus dem Sternenhimmel herauslösen. Insofern ist seine Frage, was auf dem Arkturus gerade jetzt passiert oder sein entsprechender Feststellungsversuch, eindeutig. Man kann dann allerdings gleich weiter fragen oder muß weiter feststellen, in welchem Verhältnis der gewaltige Sternenkörper zu dem Sternenbild steht. Passieren kann nur etwas auf dem Sternenkörper, nicht auf dem Sternenbild. Wir bleiben dabei im Rahmen dessen, was wir über die deutliche Wahrnehmung ausgeführt haben. Die Frage nach dem Ereignis setzt deutliche Wahrnehmung im Sinne der irdischen deutlichen Wahrnehmung voraus oder jedenfalls kann ich diese Voraussetzung machen, wenn ich einigermaßen den Sinn von Ereignis und „gerade jetzt" aufrecht erhalten will. Damit geht der große Vorteil, daß man auf dem Arkturus mit dem Finger zeigen kann, wieder verloren. Ich darf auch nicht, wie Barnett will, die Wahrnehmung des Gespenstes, also wohl des Sternenbildes, vergleichen mit der Wahrnehmung des Sternenkörpers oder von Ereignissen auf dem Körper. In welcher Beziehung allerdings Wahrnehmung des Gespenstes und Wahrnehmung des Sternenkörpers genau genommen zueinander stehen, bedürfte noch einer genauen Untersuchung. Vgl. Kapitel II No. 17. Nur soviel kann man wohl mit Sicherheit sagen, daß von der Erde aus, in Bezug auf den Arkturus, eine Wahrnehmung, welche etwa der irdischen Wahrnehmung eines Tisches oder eines Hauses oder auch einer Stadt oder einer Landschaft vergleichbar wäre, nicht möglich ist. Vielleicht dürfte man diesen Umstand naturwissenschaftlich so ausdrücken, daß schon in relativ kleinen Entferneungen die Lichtwellen, welche von solchen Gegenständen reflektiert werden, so schwach oder gering werden, daß von Wahrnehmung keine Rede mehr sein kann.

4. Die Möglichkeit der Radioverbindung. Die Ernsthaftigkeit der Frage

Welchen Sinn hat dann noch der Versuch festzustellen, was auf dem Arkturus gerade jetzt passiert? Das Beispiel vom Arkturus leidet für unseren Zweck etwas daran, daß dieser Stern wohl nur eine glühende Masse ist, hinsichtlich derer man von deutlicher Wahrnehmung nur auf Umwegen reden kann. Diesem Umstand können wir vielleicht seine Bedeutung nehmen, wenn wir statt des Arkturus einen erkalteten Stern wie unsere Erde nehmen könnten, oder wenn wir die indirekte Wahrnehmung heranziehen. Davon wollen wir vorläufig absehen. Dann bleibt als Ergebnis, das unser Versuch festzustellen, was auf den Arkturus gerade jetzt passiert, keinen Erfolg gehabt hat.

Soweit geht Barnett nicht, er meint immerhin über die Radioverbindung könnten wir wenigsten im Prinzip, in 76 Jahren feststellen, was in dem Zeitpunkt des gerade jetzt passiert sei.

Ich könnte mir denken, daß auch die Radioverbindung bei solchen Entfernungen versagt, daß also die Herstellung der Verbindung nicht nur 76 Jahre erfordern würde, sondern wegen der weiten Entfernung und übrigens auch schon bei viel geringeren Entfernungen kein Ergebnis haben würde. Von der Möglichkeit über viele Verbindungsstationen doch noch eine Verbindung mit dem Arkturus zu erreichen, wenn wir erst so weit sind, daß alle Sterne Radiostationen haben und die einander nächstliegenden Sterne sich auch über Radio verständigen können, sehen wir ab. Die Versuchung ist groß, die Ausdrücke „gerade jetzt" und „das Ereignis" in Verbindung zu bringen mit Raum und Zeit oder mit den gängigen Vorstellungen von Raum und Zeit. Es wäre vielleicht sogar schon eine Untersuchung erforderlich, ob wir diese Verbindung schon lange voraussetzen, ohne daß es uns zum Bewußtsein gekommen ist. Die Sätze „was gerade jetzt hier bei mir passiert, was gerade jetzt im Nachbardorf oder in Moskau passiert, was gerade jetzt auf dem Arkturus passiert" und die Ergänzungssätze zu den beiden letzten Sätzen: „Ich versuche festzustellen," alle diese Sätze gehören zu einem großen Ganzen. Sie gehören zu einem großen Ganzen, wenn ich sie jetzt ausspreche. Dabei ist es noch wieder ein Unterschied, und zwar ein gewaltiger Unterschied, ob ich diese Sätze im Ernst ausspreche oder ob ich sie als Beispielssätze verwende. Die Verwendung als Beispielsätze kann noch wieder sehr verschieden erfolgen.

Wir haben es auch nicht in der Hand, ob wir die Sätze ernsthaft meinen oder ob wir bloß mit ihnen spielen. Soweit wir mit ihnen spielen, müssen wir sehen, daß wir so nahe an das Ernsthaftmeinen herankommen, wie es möglich ist. Wenn wir dies versuchen, erkennen wir mit einem Male, daß uns noch viel fehlt an der richtigen ernsthaften Auffassung der Sätze. Eine solche liegt erst vor, wenn die an sich unbestimmten Sätze in eine lebendige Geschichte, in unsere Geschichten oder in die Geschichten eines anderen, vielleicht auch in Wirgeschichten oder, wenn es das gibt, in Allgeschichten eingeordnet werden. Wir müssen nun die Beispiele soweit ändern, daß sie den Charakter der Ernsthaftigkeit aufweisen. Mit diesem Charakter der Ernsthaftigkeit geht eine seltsame Veränderung mit ihnen vor: sie gewinnen Anschluß mit anderen Geschichten nach allen Seiten. Es ist ungefähr der Unterschied zwischen dem Satz: „Was ist hier passiert?" und „Was ist mir passiert?" Dies, was hier passiert ist, nämlich in meiner unmittelbaren Umgebung, ist in gewissem Sinne auch noch mir passiert, aber das Dasein eines Menschen kann sich nicht zusammensetzen aus Geschichten, die in seiner Umgebung passiert sind, obwohl diese auch zum Leben des Menschen gehören, sondern den Kern bilden die Geschichten, die ihm passiert sind, in die er verstrickt ist. Die anderen Geschichten gruppieren sich nicht um den Kern herum, sondern gehören noch auf irgendeine Art zum Kern.

Das „gerade jetzt", von welchem in unseren Beispielen die Rede ist, bekommt seinen Halt erst in meiner oder eurer ernsthaften Geschichte und wird damit zugleich etwas unsicher, denn diese Geschichten sind nicht aus „gerade jetzten" oder aus „gerade jetzt"-Geschichten zusammengesetzt, sondern das „gerade jetzt" ist nur ein etwas unsicheres, mannigfacher Auslegung ausgesetztes Moment in den Geschichten. Es kann auch wohl nicht in allen Geschichten vorkommen, sondern nur in bestimmten Geschichten. Man denkt dabei wohl in erster Linie an wissenschaftliche Untersuchungen, die aber zu ihrem Verständnis viele ernsthafte Geschichten voraussetzen.

5. *Die Einordnung des Gerade-Jetzt in den größeren Zusammenhang*

Von dieser Stelle aus, die wir jetzt erreicht haben, könnte man versuchen, das „gerade jetzt" in ein größeres Ganzes, ohne welches es nicht verstanden werden kann, einzuordnen, und zwar möglicherweise nur so, daß dabei noch sehr viel unsicher bleibt, sowohl was das „gerade jetzt" anlangt, als auch, was seine Umgebung oder das Ganze anlangt, in welches es eingeordnet ist. Mein „gerade jetzt," das Ereignis des „gerade jetzt," das wird erst verständlich in dem Zusammenhang des Vorher und Nachher, dazu gehört auch wohl das Hier, wie es in der Zusammensetzung „hier und jetzt" gemeint ist, dazu gehört mit den Geschichten etwas wie Welt, Raum und Zeit, als Hintergrund oder Horizont.

Wir möchten also sagen, daß das Jetzt schon Welt, Raum und Zeit voraussetzt. Natürlich nicht in einem prägnanten Sinne der Naturwissenschaft oder Mathematik, sondern in einem Sinne, der schwer bestimmbar ist. Wenn ich frage, was gerade jetzt in Moskau passiert, oder ähnlich, was gestern in Moskau passiert ist, so kann die Frage auch für meine Privatgeschichten von großer Wichtigkeit sein, sie kann aber auch so belanglos sein, daß es, soweit ich in Betracht komme, keinen rechten Sinn hat sie zu stellen. Von hier aus kommen wir nun zu der Frage, welchen ernsten Sinn es hat oder haben könnte, zu fragen oder zu untersuchen, was gerade jetzt oder gestern oder vorgestern wohl auf dem Arkturus los gewesen sei.

6. *Der Sinn der Entfernung von Orten aus verschiedenen Zeiten*

Wenn der nächste Fixstern, wie ich gerade Bavink, Ergebnisse, Seite 312 entnehme, über vier Lichtjahre von uns entfernt ist, so müssen wir bei den Fixsternen wohl mit dieser mindesten Entfernung rechnen. Das würde in üblicher Sprechweise bedeuten, daß wir den nächsten Fixstern heute an einem Orte sehen, den er vor reichlich vier Jahren als Stern im Verhältnis zum damaligen Standort der Erde eingenommen hat. Oder ist dies unrichtig? Ein fester Ausgangspunkt ist meine augenblickliche Stellung in meiner Umgebung. Relativ fest sind dann noch die Raumverhältnisse auf der Erde. Was heute 1000 km von mir entfernt ist, wird auch vor vier Jahren 1000 km von mir entfernt gewesen sein. Es ist aber fraglich, ob mein heutiger Aufenthaltsort noch identisch ist mit meinem Aufenthaltsort von vor vier Jahren. Hier müssen wir schon auf Relationen zurückgreifen. Im Verhältnis zur Erde, zu Nordpol, Südpol, Äquator mag mein Aufenthaltsraum derselbe geblieben sein. Im Verhältnis zu Sonne wechselt er mit jedem

Augenblick, im Verhältnis zum Fixsternhimmel wird er auch sicher ständig wechseln. Eine andere Frage ist, ob ich meinen Aufenthaltsort und die Stellung dieses Ortes in den verschiedenen Raumsystemen nach rückwärts und vorwärts bestimmen kann. Aus dieser Überlegung wird sich aber ergeben, daß eine absolute Ortsbestimmung für keinen Körper möglich ist, es handelt sich immer bloß um eine Bestimmung in einem „System." Es gibt auch keine abstrakte Bestimmung in einem solchen System, sondern immer nur eine Bestimmung von meinem Hier und Jetzt aus oder von meinem „gerade jetzt" aus. Von diesem „gerade jetzt" aus kann ich auf der Erde vielleicht die Zeitunterschiede, welche in der Lichtgeschwindigkeit begründet sind, vernachlässigen, wenn ich frage, was gerade jetzt an einem anderen Orte auf der Erde passiert. Die Vernachlässigung wird auch statthaft sein für Vergangenheit und Zukunft. Wie es sich in dieser Beziehung mit Sonne und Planeten verhält, untersuchen wir nicht, sondern kommen gleich zu den Fixsternen mit der Frage, was das „gerade jetzt" im Verhältnis zu diesen Fixsternen bedeutet. Sicher ist es ein Unterschied, ob ich so frage im Angesicht eines bestimmten Fixsternes, etwa des Arkturus, oder ob ich so frage hinsichtlich einer Stelle im Raum, die man vielleicht festlegen könnte als Stelle, welche der Arkturus, d.h. der sichtbare Arkturus, vier Jahre später voraussichtlich einnehmen wird. Hat es überhaupt einen Sinn nach der Entfernung des funkelnden Sternes von meinem Orte, den ich einnehme, zu fragen? Oder welchen Sinn hat es, sich über die Entfernung meiner Erde, wenn ich so sagen darf, von dem Arkturus zu unterhalten? Welche Bedeutung kann in diesem Zusammenhang der Lichtgeschwindigkeit zukommen?

Im Ernst wird man nicht sprechen können von der Entfernung zwischen zwei Orten aus verschiedenen Zeiten. Man wird nicht fragen können, wie weit ist das Moskau von 1930 von dem Berlin von 1964 entfernt. Was soll es für eine Bewandtnis haben, wenn ich nach der Entfernung des Arkturus von vor 30 Jahren, sagen wir also von 1930, mit der Erde von heute frage. Wird die Sinnlosigkeit dieser Frage durch Einführung der Lichtgeschwindigkeit behoben? So einfach, wie wir die Sache hier darstellen, liegt sie auch wiederum nicht, denn wir haben jetzt die Fragen ausgerichtet nach unserer Zeitrechnung. Das durften wir nicht ohne weiteres, denn Voraussetzung für die einheitliche Zeitrechnung ist doch wohl die Einheit des Gegenstandes oder die Einheit der Gegenstände, auf welche die Zeitrechnung angewandt werden soll. Wenn wir eine Zeitrechnung hätten vom Beginn der Welt, die sowohl für den Arkturus wie für die Erde gelten würde, so könnten wir das als Grundlage für die Lehre von der Gleichzeitigkeit auf dem Arkturus und der Erde benutzen. Diese Möglichkeit scheidet aus, weil wir keine entsprechende Vorstellung von Welt haben.

7. Das Gerade-Jetzt in meinem nächsten Umkreise. Ereignisse und Wahrnehmung. Das Gerade-Jetzt außerhalb dieses Umkreises

Wenn ich versuche festzustellen, was auf dem Arkturus gerade jetzt passiert und wenn dieser Versuch auf gewisse Schwierigkeiten stößt, so könnte ich versuchen festzustellen, was gerade jetzt bei mir passiert oder was noch ein wenig davon verschieden ist, Aufklärung darüber suchen, was ein solcher Feststellungsversuch in meinem Umkreis bedeutet, in der Hoffnung, daß ich damit die Bedeutung des Feststellungsversuches hinsichtlich des Arkturus schärfer fassen kann.

Ich werde also von dem einfachsten Fall ausgehen und versuchen festzustellen, was bei mir gerade jetzt passiert. Ich diktiere gerade diese Stelle aus meiner Arbeit in die Schreibmachine. Ich weiß nicht ob das ein Ereignis ist. Wenn ich mich frage, was ein Ereignis ist, was gerade jetzt passiert, so würde ich es vorziehen, von irgenwie interessanten Ereignissen auszugehen, etwa von einem strafrechtlichen Ereignis, oder einem juristisch wichtigen Ereignis, oder einem Ereignis innerhalb der Familie, oder einem Ereignis, das meine Person betrifft. Diese Ereignisse sind nun alle keine punktuellen Ereignisse, sie haben alle eine Dauer, sie haben alle viele „gerade jetzt" hintereinander. Es ist aber bedenklich dies so auszudrücken, weil das Fließende des Ereignisses damit verdeckt wird. Es ist sicher nicht einfach, alle Ereignisse, die es geben kann, zu überblicken und zusammen zu fassen. Solange man nicht einen solchen Überblick über solche Ereignisse hat, ist es bedenklich, allgemeine Urteile über Ereignisse zu fällen. Wir versuchen, so gut es geht, die Bedenken im Auge zu behalten. Dann möchten wir sagen, daß die Ereignisse, die in der Außenwelt passieren, eine nahe Beziehung zu den Dingen in der Außenwelt, und zwar in erster Linie zu den Wozudingen, haben. Man könnte ungefähr sagen, daß alle Änderungen an den Wozudingen Ereignisse seien, wie etwa der Einsturz eines Hauses oder die Beschädigung eines Tisches. Ähnliche Ereignisse können auch am Pflanzen und Tieren auftreten oder auch am menschlichen Leib.

Wenn ich nun versuche festzustellen, was für Ereignisse gerade jetzt passieren, so kann das noch verschiedene Bedeutungen haben. Es kann heißen, was überhaupt gerade in der ganzen Welt passiert, was

auf der Erde passiert, was in Europa passiert. Wenn ich keine Einschränkung beifüge, könnte man die Frage oder die Feststellung dahin
auffassen, was gerade jetzt in der Welt passiert. Eine solche Feststellung
würde wohl niemand versuchen. Einen einigermaßen klaren Sinn hat
der Versuch nur, wenn es auf Feststellung von Ereignissen ankommt,
die gerade jetzt in meiner Umgebung passieren, so daß ich sie wahrnehmen kann. Man kann dann gleich wieder fragen nach dem Verhältnis von Ereignis und Gegenständen. Mir scheint, daß man den
Ausdruck Wahrnehmung auf beides beziehen kann, wenn auch vielleicht am sichersten auf Dinge oder Gegenstände. Wir müssen jetzt an
das erinnern, das wir über die deutliche Wahrnehmung ausgeführt
haben und können dann den Satz wagen, daß die sicherste Feststellung
dessen, was sich ereignet in meiner Umgebung, im Bereich der deutlichen Wahrnehmung erfolgen kann. Wo die Wahrnehmung undeutlich wird, leidet die Sicherheit der Feststellung. Es könnte dabei allerdings wieder auf das Interesse ankommen, welches ich an dem Ereignis finde. Wenn es aber überhaupt auf die Sicherheit der Feststellung
des Ereignisses ankommt, so muß irgendwie eine deutliche Wahrnehmung die Grundlage bilden. Wir dürfen uns dabei durch das „gerade
jetzt" nicht irre führen lassen. Meine Stellung zu dem Ereignis ist
anders, wenn ich das Ereignis erwarte und anders, wenn ich von dem
Ereignis überrascht werde. Davon abgesehen, gehört aber normalerweise die Möglichkeit, nachträglich nachzuprüfen, wie das Ereignis
vor sich gegangen ist, und zwar aufgrund von genauesten Wahrnehmungen, zur Feststellung des Ereignisses. Man denke nur an Rekonstruktion eines Straffalles. Die Wahrnehmung dessen, was gerade jetzt
passiert, muß jeder Feststellung dessen, was gerade jetzt passiert, vorangehen. Wenn man genau sein wollte, müßte man auch dies Verhältnis von Wahrnehmung und Feststellung noch näher prüfen.

Wir halten jetzt den Satz fest, wenn wir versuchen festzustellen,
was gerade jetzt passiert, sind wir auf genaue Wahrnehmung des
Ereignisses, welches passiert, angewiesen. Die genaue Wahrnehmung
setzt wieder voraus, daß das Ereignis in unserer unmittelbaren Nähe
passiert. Es ist auch möglich, daß die genaue Wahrnehmung eines
Ereignisses oder auch einer Sache Wahrnehmung aus verschiedener
Entfernung voraussetzt, die vielleicht auch wieder einen verschiedenen
Grad von Wichtigkeit haben. Wenn es auf die stoffliche Struktur einer
Sache ankommt, so mag 30 cm Entfernung die beste Wahrnehmung
bieten.

Ich kann dabei mit gleichem Recht sagen, daß die Wahrnehmung gerade jetzt stattfindet und daß das Ereignis gerade jetzt stattfindet. Wir wollen auch den Fall noch erörtern, daß für mich gerade jetzt kein Ereignis stattfindet in meiner Umgebung, so daß ich es wahrnehmen könnte, daß aber doch gerade jetzt weit entfernt von mir in Amerika ein Ereignis stattfindet, welches von großem Interesse für mich ist. Ich erfahre aber erst nach Wochen von diesem Ereignis. Ich würde in diesem Fall nicht sagen, daß das Ereignis in irgendeinem Sinne „gerade jetzt" passiert sei, man könnte nur sagen, im Rückblick auf ein „altes" „gerade jetzt", welches über Ereignisse festgelegt werden müßte, sei das Ereignis in Amerika gleichzeitig mit dem Gerade-Jetzt-Ereignis in meinem Umkreis passiert.

Im übrigen könnten wir allerdings ohne letzte Genauigkeit, für den Einzelnen den Bezirk abgrenzen, in welchem um ihn herum gerade jetzt Ereignisse stattfinden können. Wenn wir von technischen Hilfsmitteln absehen, mag die äußerste Grenze dieses Bezirkes die Sichtbarkeit der im Bezirk befindlichen Gegenstände sein. Zu einer deutlichen Wahrnehmung kann aber gehören, daß ich den Gegenstand betasten kann oder daß ich handwerksmäßig mit ihm verfahren kann, weil ich auf andere Weise zu dem Ereignis, um welches es sich handelt, nicht vordringen kann. Dann ist der Bezirk des „gerade jetzt" bald auf einige Zentimeter zusammengeschrumpft. Von Ereignissen die jenseits dieses Bezirkes liegen oder die außerhalb dieses Bezirkes liegen, kann ich nur indirekt etwas erfahren und vor allen Dingen immer erst später etwas erfahren, sei es durch Mitteilung von Beobachtern der Ereignisse oder durch nachträgliche Konstruktion der Ereignisse.

Hat nun die Frage, was gerade jetzt irgendwo in der Welt passiert, außerhalb des Umkreises meines „gerade jetzt" einen Sinn? Wir könnten uns jetzt Hilfe von der Naturwissenschaft erbitten. Sie wird uns auf die Lehre von den Lichtwellen und den anderen Wellen verweisen und uns darauf aufmerksam machen, daß wir gerade jetzt gleichzeitig mit den irdischen Gegenständen in unserer Nähe die Sterne sehen, wenn auch in einem veralteten Zustand, so doch wohl mit der Sicherheit der Identität des Sternphänomens mit dem wirklichen Stern. Wir würden darauf erwidern, daß über den von uns abgegrenzten Bezirk hinaus, in dessen Zentrum ein Kreis mit einem Radius von 30 cm liegt, keine deutliche Wahrnehmung mehr möglich ist oder auch schon bald überhaupt keine Wahrnehmung mehr möglich ist, und daß es deswegen keinen Sinn hat, das „gerade jetzt" dieses Kreises auf andere Bezirke auszudehnen. Man könnte allerdings etwa sagen, daß zu dem Arkturus in gewissen Sinne auch die Wellen gehören, welche die Erde erreichen. Diese Wellen können wieder „gerade jetzt" von mir wahrgenommen werden. Wenn diese Wellen mir Aufschlüsse geben über das Verhalten eines Sternes vor Jahren, dann ist das eine neue Situation, die überdacht werden muß. Sie führt aber nicht zu dem Ergebnis, daß ich gerade jetzt in eine Vergangenheit von vor 4 Jahren sehe, oder von vor 38 Jahren, sondern ich konstruiere mir ein Ereignis aus dieser Zeit aufgrund einer „gerade jetzt" stattfindenden Wahrnehmung eines Ereignisses, welches „gerade jetzt" stattfindet.

8. Ereignisse, Welle und Wahrnehmung. Bei größeren Entfernungen keine Parallelität

Dies konstruierte Ereignis könnte jemand auf dem Arkturus vor 38 Jahren gesehen haben. Ob eine solche Annahme sinnvoll ist, wollen wir noch nicht entscheiden. Vorläufig nehmen wir es an, wobei wir uns bewußt sind, daß diese Annahme auch noch nicht eindeutig ist.

Dies Ereignis auf dem Arkturus würde ich gerade jetzt nach 38 Jahren wahrnehmen, wenn nicht die Wellen, die dies Ereignis betreffen, unterwegs schon lange, vielleicht schon innerhalb einer Sekunde, in alle Winde verweht wären. Aber auch davon abgesehen wäre eine deutliche Wahrnehmung mit den dazugehörenden Mitteln der Prüfung, sagen wir kurz eine handgreifliche deutliche Wahrnehmung, nicht möglich. Man könnte auch fragen, wie groß das Ereignis sein müßte, um in irgendeinem Sinne noch auf der Erde als eine Ereignis gesehen zu werden. Diese Überlegung wird aber zu nichts führen, weil man ein Ereignis von dieser Größe kaum noch als ein einheitliches Ereignis bezeichnen könnte, weil man insbesondere in Bezug auf ein solches Ereignis nicht mehr von deutlicher Wahrnehmung sprechen könnte.

Wenn nun eine deutliche Wahrnehmung oder eine Wahrnehmung überhaupt von der Erde aus, von mir aus, auf den Arkturus von vor 38 Jahren ausgeschlossen ist, so kann ich von dem, was gerade jetzt auf dem Arkturus passieren mag, über die Wahrnehmung keine Auskunft erhalten. Man kann nur so viel sagen: Wenn die Lichtwellen so eingerichtet wären, daß sie nach Zurücklegung eines Weges von 38 Lichtjahren noch eine Wahrnehmung vermitteln könnten, die in irgendeinem Sinne einen Vergleich mit der irdischen Wahrnehmung zuließe, dann würde ich gerade jetzt auf dem Arkturus ein Ereignis wahrnehmen, welches dort vor 38 Jahren passiert wäre. Die ganze Welt wäre dann voll von solchen alten und sehr alten Ereignissen.

9. Übermittlung der Ereignisses durch Radio

Wenn ich nun schon diese Ereignisse nicht wahrnehmen könnte, so könnte man doch fragen, ob ich nicht unmittelbare Nachricht von ihnen mit einer Übermittlungsdauer von 38 Jahren, soweit der Arkturus in Frage kommt, erhalten könnte. Wenn wir einmal annehmen, wir könnten uns mit den Bewohnern des Arkturus durch etwas wie eine gemeinsame Sprache verständigen, so würde die Radioverbindung ähnlich wie die Wahrnehmung schon daran scheitern, daß die Radiowellen schon unterwegs ebenso wie die Lichtwellen in alle Winde verweht würden.

10. Der Himmelsraum und der Raum über der Erde

Es bleibt, daß wir von hier aus mit dem Finger oder mit einem Stock auf den Arkturus als etwas Gegenwärtiges zeigen können, während es sich in Wirklichkeit um den Stern von vor 38 Jahren handelt. Es bleibt ferner der einheitliche Raum, in welchem dieser Arkturus vor uns steht, der einheitliche Raum von uns bis zu dem Arkturus. Dieser einheitliche Raum tritt wenigstens als Phänomen auf. Dieser einheitliche Raum steht in engster Beziehung zu dem ganzen Himmelsraum. Wir können dabei vielleicht unterscheiden, wie dieser Raum am Tage bei blauem Himmel auftritt, wie er in der Nacht bei Sternenhimmel auftritt und was aus ihm wird, wenn der Himmel ganz oder teilweise von Wolken bedeckt ist oder auch wenn uns Nebel einhüllt. In allen Fällen bleibt die Einheitlichkeit des Raumes von der Erde bis zum Himmel aufrechterhalten. Wir könnten auch dieses Phänomen noch weiter verfolgen, wir könnten uns Gedanken machen über den Horizont dieses Sternhimmels, wie er vielleicht irgendwie verschmilzt mit der Erde und über den Sternhimmel an der entgegengesetzten Seite der Erde, der uns nicht in dieser Weise gegeben ist. Wie können dann fragen nach dem Verhältnis dieses Himmelsraumes zu dem sogenannten mathematischen Raum oder zu dem Raum oder zu den Räumen auf der Erde. Wie weit muß man ausholen, um die etwa vorhandenen Unterschiede aufzuklären? Daß die Dinge mit der Entfernung kleiner werden oder kleiner zu werden scheinen, das gilt allgemein für alles Sichtbare. Die Frage ist, ob sich im mathematischen Raum eine Entsprechung findet. Die Frage ist weiter, was dieses Kleinerwerden bedeutet. In welchem Zusammenhang steht es mit Deutlichkeit und Undeutlichkeit?

11. Die Illusion. Himmel und Erde. Die verschiedene Raumauffassung. Raum und Ding. Deutliche Wahrnehmung des Dinges und Raum

Die folgende Überlegung schließt an an unsere Untersuchung der deutlichen Wahrnehmung. Wir nehmen unter anderem bezug auf Seite 14 ff., ins besonders auf Seite 18.

Im Zusammenhang mit dem Arkturusbeispiel setzen wir diese Überlegung fort. Die unmittelbarste Anschauung vom Raum haben wir wohl, wenn wir in den Himmel, sei es in den blauen Himmel, sei es in den Sternenhimmel, sehen. Diese Anschauung läßt sich schwer beschreiben. Sie scheint zunächst eindeutig zu sein. Eine Untersuchung, wie seit Urzeiten dieser Raum aufgefaßt wird, würde aber wohl ergeben, daß schon die einfache Anschauung des Himmels oder des Sternenhimmels immer verschieden gewesen ist. Wir können auch nicht, wie die Phänomänologen vielleicht versuchen würden, das Phänomen Himmel trennen von dem Moment der Auffassung, welches mit diesem Phänomen verbunden ist und weit in Dichtkunst und Religion hineinführt und ohne den Zusammenhang hiermit wohl nicht erschöpfend beschrieben werden kann. Wenn auch die einzelnen Götter Griechenlands nicht in der Weise der Anschauung mit den Sternen auftauchen, so besteht doch schon in der Anschauung eine innere Beziehung, irgendein Hinweis auf die Götter Griechenlands. Merkwürdig ist auch, daß wir hinsichtlich der Erscheinung am Himmel das Wort Wahrnehmung vermeiden, aber ungezwungen das Wort Anschauung gebrauchen. Das hängt damit zusammen, daß das Wort Wahrnehmung wohl auf die Fälle beschränkt bleibt, in denen es sich um Wahrnehmung von Stoffen handelt, und zwar um deutliche Wahrnehmung von Stoffen. Allerdings bedürfte dies noch einer Nachprüfung. Wahrscheinlich ist diese Einschränkung zu eng.

Was aber die Anschauung des Himmels anbelangt, so haben wir hier den Eindruck, in unabsehbare Ferne oder philosophisch ausgedrückt, in den unendlichen Raum hineinzusehen, die unendliche Weite des Raumes unmittelbar vor uns zu haben, und zwar nach allen Seiten, nur nicht nach unten. Es wäre zu prüfen, was alles in den neueren Lehren von Raum und im Zusammenhang damit von Universum, Welt und Zeit mit dieser Anschauung, und hier fahren wir fort, mit dieser Vorstellung vom Himmel verbunden ist. Wir können allerdings nicht genau sagen wie wir in diesem Zusammenhang Anschauung und Vorstellung unterscheiden. Wir wollen nur darauf aufmerksam machen, daß diese Unterscheidung gemacht werden muß. Beiden ist das Moment der Auffassung gemeinsam. In der Vorstellung kommt dies Moment aber schärfer zum Ausdruck. In der Vorstellung scheidet das mehr Zufällige der Einzelanschauung aus. Es bleibt aber dabei, daß sowohl die Anschauung wie die Vorstellung von Homer bis heute und überhaupt von Mensch zu Mensch ständig wechseln.

Wenn wir dies alles berücksichtigen, so können wir fragen, wie sich der Anschauungsgegenstand oder Vorstellungsgegenstand Himmel zu dem Gegenstand verhält, den die Wissenschaft aufweist.

Bei diesem können wir noch wieder unterscheiden den Gegenstand der dem irdischen Wahrnehmungsgegenstand, also etwa dem Tisch (oder dem Felsbrocken, den wir eingeführt haben) des 1. Kapitels entspricht, von dem Gegenstand der noch weit darüber hinaus dem wirren Haufen von Atom entspricht. Wir müssen dabei noch eine weitere Einschränkung machen, wir müssen noch unterscheiden zwischen dem Gegenstand der Wahrnehmung, wie etwa dem Tisch, und der Beleuchtungsquelle, etwa der Flamme. Zwischen beiden mag in diesem Zusammenhang der glühende Körper stehen. Es wäre noch zu prüfen, ob man z.B. bei der Flamme oder bei dem glühenden Körper im selben Sinne von deutlicher Wahrnehmung reden kann, wie bei dem Tisch oder dem Felsblock. Am sichersten ist wohl die Rede der deutlichen Wahrnehmung bei dem Tisch. Diese deutliche Wahrnehmung ist aber gleichzeitig die Grundlage für die Untersuchung des glühenden Tisches oder der Flamme, mit der der Tisch verbrennt.

Diese Zusammenhänge müßten noch genau geklärt werden, wenn man einigermaßen genau feststellen wollte, wie sich die Vorstellung Sternenhimmel zu dem von der Wissenschaft erarbeiteten Gegenstand der Sternenwelt oder des Universums verhält, oder wie sich mit anderen Worten oder auf einer anderen Ebene der funkelnde Stern mit Ausdehnung von einigen Millimetern zu dem gewaltigen Sternenkörper verhält, wie sich dann insbesondere auch die damit verbundenen oder in Beziehung stehenden Raumvorstellungen zueinander verhalten. Wenn wir in den Sternenhimmel sehen, kommt uns der Raum, in den wir hineinsehen und durch den wir hindurchsehen, schon unendlich gross vor. Dabei bedeutet dieser Raum aber im Verhältnis zu dem wirklichen Raum, wenn wir so kurz aber missverständlich sagen dürfen, garnichts. Doch ist das nicht genau genug gesprochen. Er bedeutet nämlich etwas anderes, wenn es sich um einen selbstleuchtenden Körper handelt, als wenn es sich um einen erloschenen Stern handelt, der nur fremdes Licht weiter gibt. Wenn es sich um einen selbstleuchtenden Stern handelt, so scheint doch die Beziehung zwischen dem funkelnden Stern als Anschauungsgegenstand und dem riesigen Sternenkörper, wenn er angeschaut werden könnte, oder müssen wir hier sagen, wenn er wahrgenommen werden könnte, zu bestehen, daß in beiden Fällen die Lichtwellen dieselbe Auskunft über den Stern geben, daß also der funkelnde Stern insoweit dasselbe sagt, was der gewaltige Stern selbst auch sagen würde. Wir denken etwa an die Lehre der Spektroskopie.

Abgesehen davon sagt der Sternfunke noch etwas aus über den Ort des Sternes und über sein Verhältnis zur Zeit, aber während die Aussage über seine Zusammensetzung in gewissem Sinne die Aussage über etwas Zeitloses ist, oder vorsichtiger ausgedrückt zugleich über Vergangenheit und Zukunft, insofern als die Zusammensetzung des Sternes im wesentlichen erhalten bleibt und im wesentlichen auch in der Vergangenheit von demselben Inhalt gewesen ist, ist es mit seinem Verhältnis zu Raum und Zeit anders. Hier taucht nun die Frage auf, ob man insoweit, wie Einstein will, von einer Illusion reden kann, oder ob die Sache doch noch wieder anders liegt.

Der Raum (Himmelsraum), den wir anschauen, ist nur mit vielen Fragezeichen zu vergleichen mit dem Raum, den wir in der Nähe wahrnehmen, mit dem Raum, den der deutlich wahrgenommene Gegenstand einnimmt. Dieser Raum ist abhängig von dem Gegenstand oder er bildet eine Einheit mit ihm.

Man kann hier zwar einwenden, daß schon im Gebiet der deutlichen Wahrnehmung die scheinbare Größe des Gegenstandes sich auch schon bei kleinen Entfernungsunterschieden ändert. Davon wollen wir vorläufig absehen, dann müssen wir zugeben, daß der funkelnde Stern nicht das Verhältnis zum Raum hat, welches hier der Tisch oder der Felsblock hat. Der Unterschied ist schwer genug zu beschreiben. Am einfachsten kann man noch darauf hinweisen, daß der Stern keine klare dreidimensionale Ausdehnung hat, oder überhaupt keine dreidimensionale Ausdehnung hat, wenngleich er andererseits auch nicht flächenhaft erscheint oder als Zeichen auf einer Fläche. Das Verhältnis des Sternes zum blauen Himmel ist nicht so wie das Verhältnis von Kreidepunkten zur Schultafel. Man kann sich dem Verhältnis des funkelnden Sternes zum Sternenhimmel nur über viele Versuche nähern.

Die irdischen Entsprechungen bieten alle keine Parallelen, sondern führen nur in die Nähe. Obwohl ich also mit dem Finger auf den Orion zeigen kann und auf jeden einzelnen Stern des Orions, entspricht dies Zeigen nicht dem Hinweis in der Nähe, nicht dem Hinweis, wenn ich mit dem Finger auf die Uhr oder auf den Ofen zeige. Und zwar entspricht sich dies ganz und gar nicht. Es ist nicht derselbe Raum in dem sich der Stern befindet, im Verhältnis zu dem Raum meines Zimmers oder in meinem Zimmer. Zugleich könnte man fortfahren, es ist doch derselbe Raum. Ich könnte mir vorstellen, daß ich auf den Arkturus losfliege, daß er immer derselbe bleibt und immer größer wird, bis ich nach so und soviel Jahren den Arkturus zu fassen bekomme. Das scheint genau dasselbe zu sein wie bei Entfernungen auf der Erde. Es kommt alles darauf an, sich dies Verhältnis klar zu machen, als Grundlage für alle weiteren Betrachtungen.

Ausgangspunkt ist für uns dabei das deutlich wahrgenommene Ding oder der deutlich wahrgenommene Gegenstand auf der Erde. Was den Gegenstand anbetrifft, so gehen wir zunächst vom Wozuding aus und von der deutlichen Wahrnehmung des Wozudinges. Wir denken aber daran, daß diese Überlegungen auch zutreffen werden oder zum großen Teil zutreffen werden auf Dinge wie Felsblöcke, auf Pflanzen, auf Tiere, auf den menschlichen Körper. Wenn man im Zweifel darüber ist, was deutliche Wahrnehmung in diesem Bereich bedeutet, mag man Lupe und Mikroskop zu Hilfe nehmen, auch bei diesen gibt es wieder deutliche Wahrnehmung in Fortsetzung der deutlichen Wahrnehmung bei unbewaffneten Augen.

Wie weit man von deutlicher Wahrnehmung im gleichen Sinne noch bei Flüssigkeiten und Gas sprechen kann, ist wohl fraglich. Soweit man es aber kann, geschieht es in Anlehnung an die deutliche Wahrnehmung der festen Dinge.

Diese deutliche Wahrnehmung oder die Gegenstände der deutlichen Wahrnehmung, sind nun auch Ausgangspunkt für die Erfassung der Himmelskörper und für die Erfassung der ultramikroskopischen Körper. Man könnte vielleicht sagen, daß die Himmelskörper zunächst in den Stand der deutlich wahrgenommenen irdischen Körper überführt werden müssen, oder in eine Reihe mit diesen kommen müssen, um dann schließlich in ultramikroskopische Körper umgewandelt zu werden. Bei solcher Überlegung mag es zweifelhaft sein, wo die Lichtwellen oder die anderen Wellen hingehören und inwiefern man bei ihnen von Wahrnehmung und deutlicher Wahrnehmung reden kann. Das müßte im einzelnen untersucht werden. Bei der deutlichen Wahrnehmung tritt uns etwas entgegen, was enge Beziehung zu den Raum- und Zeitvorstellungen hat. Es ist aber dabei schwierig genug, diese Beziehung im einzelnen festzustellen.

Wir stellen nun die Frage, mit welchem Recht wir das deutlich wahrgenommene Ding so in den Mittelpunkt stellen. Dabei sind wir es nicht allein, die das tun, sondern die Wissenschaft tut dies allgemein. Man setzt als selbstverständlich voraus, daß man mit dem deutlich wahrgenommenen Ding ein Stück Wirklichkeit gegenwärtig hat und man versucht dann die ganze Welt auf eine Wirklichkeit dieser Art zurückzuführen. Hiernach müßte sich ein Stück vom Sirius oder vom Arkturus in einen Tisch verwandeln lassen oder der Tisch umgekehrt in ein Stück vom Arkturus. Prinzipiell müßte dergleichen auch möglich sein bei Pflanzen und Tieren. Ob allerdings diese Überlegung, wenn sie richtig wäre, auch beweisen würde, daß wir mit dem Tisch ein Stück Wirklichkeit erfaßt hätten, bliebe noch eine Frage. In Wirklichkeit hat Wirklichkeit wohl viele Bedeutungen. Wenn die deutliche Wahrnehmung wieder verweist auf das Sägen, Bohren, Hämmern, scheint doch die Wirklichkeit der deutlich wahrgenommenen Dinge wieder in engster Beziehung zu den Geschichten zu stehen. Wenn ich zu dem einzelnen Stück des Arkturus nur Zugang habe über das Sägen, Bohren, Hämmern, so bedeutet das, daß auch die Wirklichkeit des Arkturus abhängig ist von der Wirklichkeit von Geschichten.

12. Die Lichtgeschwindigkeit und das Metermaß

Zu einem ähnlichen Ergebnis komme ich auf einem anderen Wege: Wie kommt es, daß die Messung der Lichtgeschwindigkeit nach dem Platinstab in Paris erfolgt? Welche Bedeutung hat dieser Platinstab für den Arkturus? Welche Bedeutung hat dieser Stab außerhalb der Erde, jenseits des Mondes, jenseits der Sonne und in den anderen Bereichen jenseits der nächsten Himmelskörper? Welche Bedeutung kommt dem Satze zu, daß die Lichtgeschwindigkeit 300.000 km in der Sekunde beträgt? Was sind 300.000 km im Weltall? Wir würden all diese Fragen nicht stellen, wenn wir noch von der alten Raumvorstellung ausgehen dürften und gleichzeitig auch von der alten Weltvorstellung, daß Welt und Raum gleichzeitig existieren, so wie etwa unser Haus und unsere Stadt und die Erde gleichzeitig existieren mag, oder nach unserer Vorstellung gleichzeitig existiert. Inzwischen haben wir eingesehen, daß auch diese Gleichzeitigkeit nicht vorhanden ist, nur ist die Ungleichzeitigkeit so gering, daß sie außerhalb der Wissenschaft keine Rolle spielt.

Wir können unsere Frage auch so formulieren, was bedeutet Entfernung zwischen zwei ungleichzeitigen Gegenständen? Haben wir damit nicht im geheimen die Voraussetzung gemacht, daß die Gegenstände gleichzeitig existieren und haben wir nicht in Wirklichkeit nur diese Entfernung bei gleichzeitiger Existenz im Auge? Ist damit die Frage beantwortet?

13. Gleichzeitigkeit in Bezug auf Dinge und Ereignisse im Umkreise. Gleichzeitigkeit von solchen Ereignissen mit Ereignissen auf dem Arkturus

Wenn wir die Rede von der Gleichzeitigkeit beschränken auf Dinge und auf Ereignisse im alltäglichen Sinne, so kann man die Frage aufwerfen, wie wird die Gleichzeitigkeit und das Vorher und Nachher und was damit zusammenhängt, gegenständlich? Dies Gegenständlichwerden hat wohl ein Auftauchen der Dinge und der Ereignisse zur Voraussetzung und zwar ein deutliches Auftauchen in dem Sinne, in dem man früher von deutlicher Wahrnehmung sprach. Jedes Ding und jedes Ereignis hat eine Stellung zu uns und wohl auch zu seiner Umgebung, in der es uns am deutlichsten entgegentritt. In der Entfernung wird es immer undeutlicher. Die Deutlichkeit erhält sich auch unter dem Mikroskop. Unter welchen Umständen die Rede von der Deutlichkeit bei dem Innern des Atoms den Sinn verliert oder den Sinn ändert, lassen wir hier außer Betracht. Dann können wir sagen, daß das deutliche Auftauchen von Gleichzeitigkeit das deutliche Auftauchen von Dingen und Ereignissen voraussetzt oder, was ungefähr dasselbe ist, daß die Rede von der Gleichzeitigkeit unsicher wird im Gebiet des Undeutlichen. In diesem Gebiet kann man nicht mehr unterscheiden, was ein Ding und was ein Ereignis ist und worauf sich die Rede von Gleichzeitigkeit bezieht. Dies gilt übrigens auch innerhalb der Welt der Dinge und Ereignisse, soweit diese erfüllt ist mit Schatten, Lichtern, Beleuchtungen. Auch in Bezug auf diese Phänomene, wenn wir uns kurz so ausdrücken dürfen, wird die Rede von Gleichzeitigkeit unsicher.

Wenn wir diese Feststellung über die Gleichzeitigkeit nun anwenden auf das Verhältnis von Erde und Arkturus, so ist klar, daß auf der Erde die Gleichzeitigkeit und das Vorher und das Nachher uns im nächsten Umkreise und mit Abschattungen in der Entfernung entgegentritt. Was soll nun aber Gleichzeitigkeit von Dingen und Ereignissen auf der Erde im Verhältnis zu Dingen und Ereignissen auf dem Arkturus bedeuten? Selbst mit dem besten Fernrohr tritt uns auf dem Arkturus nichts entgegen, was entfernt an Dinge und Ereignisse auf der Erde erinnert. Auch der Arkturus selbst tritt uns nicht wie die Erde in einer deutlichen Wahrnehmung entgegen. Es ist eine ganz unklare Redeweise, wenn wir etwa sagen wollen, daß diese unsere Erde und irgendetwas wie Stern Arkturus uns gleichzeitig entgegen treten.

Einen gewissen Sinn würde diese Rede erst erhalten, wenn wir den Arkturus als Stern identifizieren mit dem Atomhaufen Arkturus oder mit dem Arkturus als Sternkörper oder wie man das sonst ausdrücken will. Nun kann man wohl soviel mit Sicherheit sagen, daß man Erde und Arkturus nie gleichzeitig deutlich wahrnehmen kann, allerdings taucht hier eine Schwierigkeit auf: Man kann auf der Erde – gleichzeitig mit der Erde – mit Hilfe des Prismas die Strahlen, die vom Arkturus auf die Erde kommen, zerlegen und damit mehr oder weniger unmittelbar viele Eigenheiten vom Arkturus auf der Erde sichtbar machen. Doch gehört dazu die ganze Naturwissenschaft. Für einen Menschen des Altertums würde dies Prisma wenig besagen. Dieser Mensch des Altertums könnte uns nicht einmal sagen, in welchem Zusammenhang das Auftauchen des Arkturus mit den „Sternenstrahlen" steht. Wir selbst können dies auch heute nicht. Wenn man annehmen will, daß wir über das Prisma eine Art Wahrnehmung des Arkturus haben, so könnte man weiter fragen, ob und inwieweit diese Wahrnehmung gleichzeitig sei mit den Wahrnehmungen auf der Erde. Wir wagen nicht, diese Fragen zu entscheiden.

Mit der Frage, welchen Sinn es hat, daß wir heute auf der Erde Ereignisse auf einem Stern, die hundert oder tausend Lichtjahre zurückliegen, beobachten können und daß der Stern aus dieser Zeit und mit dieser Zeit vor uns steht, müssen wir uns noch weiter beschäftigen. Dabei taucht immer folgende Frage störend auf: Wenn nur unsere Ferngläser oder unsere sonstigen technischen Hilfsmittel vollkommen genug wären, würden wir auf den Sternen Ereignisse, die hundert oder tausend Jahre oder viele tausend Jahre zurückliegen, beobachten können? Oder würde umgekehrt ein Beobachter auf jenen Sternen je nach der Entfernung dieses Sternes die französische Revolution oder Karl den Großen und seine Paladine oder Kaiser Augustus als gleichzeitig mit sich, als gleichzeitig mit seiner Umgebung gegenwärtig haben. Oder würde, anders ausgedrückt, heute jemand auf der Erde entsprechend die Ereignisse auf den Sternen als gleichzeitig mit sich und als gleichzeitig mit seiner Umgebung gegenwärtig haben? Zwischen dieser eigenen Umgebung, sei es auf dem Arkturus, sei es auf der Erde, und der Erde und dem Arkturus klafft nun zunächst der eigenartige Abgrund von hundert oder tausend Jahren. Was hat dieser Abgrund zu bedeuten? Wir vergleichen mit diesem Fall etwa den Fall, daß wir von einem hohen Berge aus mit dem Fernrohr eine weitentfernte Landschaft betrachten. Diese Landschaft bildet immer noch eine Umgebung von mir, sie ist mit mir verbunden über die dazwischenliegende Erde. Zu den Dingen und Ereignissen auf den Sternen fehlt diese Verbindung. Diese Verbindung würde übrigens auch fehlen, wenn das Licht keine Zeit gebrauchte.

Wir müßten vielleicht noch mehr auseinanderhalten die verschiedenen Umstände, die es unmöglich machen von einem gleichzeitigen Auftauchen von Ereignissen oder Dingen oder Gegenständen auf dem Arkturus und auf der Erde zu reden.

Sowohl wenn das Licht Zeit gebraucht als wenn es keine Zeit gebraucht, werden die Dinge oder Gegenstände und damit auch die Ereignisse auf dem Arkturus von der Erde aus gesehen „unsichtbar," daß man ebenso gut sagen kann, sie tauchen nicht auf. Es ist dasselbe, als wenn man einen Ton über 1000 Kilometer Entfernung hören wollte, um ein Beispiel aus einer anderen Sphäre zu nehmen. Nun kann man allerdings überlegen, ob nicht doch irgendwelche Ereignisse denkbar wären auf dem Arkturus, die in irgendeinem Sinne von der Erde aus beobachtet werden könnten, und zwar unmittelbar beobachtet werden könnten. Man könnte etwa an eine Explosion des ganzen Sternes denken, die mit gewaltigen Ferngläsern als Explosion leibhaftig, wie Husserl sagen würde, auftauchen würde. Man könnte uns auch entgegenhalten, daß bei der Prüfung der Frage der Gleichzeitigkeit man ja nicht gerade von einem Stern, der 38 Lichtjahre entfernt wäre, auszugehen brauchte. Wir würden etwa darauf erwidern, daß vielleicht Grenzfälle denkbar wären, in denen man gerade noch von Auftauchen von Gleichzeitigkeit auf Stern und Erde reden könnte. Dabei spielt natürlich auch die Frage der Größe der Dinge oder Gegenstände eine große Rolle.

Selbst wenn der ganze Stern explodiert, bleibt noch die Frage offen, ob das, was ich von der Erde aus sehe, vergleichbar ist einer Explosion auf der Erde. Diese Frage möchte ich nicht ohne weiteres bejahen. Es gehört sicher schon viel dazu, daß uns eine Explosion eines Sternes entgegentritt wie eine Explosion auf der Erde. Dabei ist zu berücksichtigen, daß eine Explosion auf der Erde auch schon in der Wahrnehmung mit Unsicherheitsmomenten belastet ist oder ein so vieldeutiger Ausdruck ist, daß man sich zunächst über diese Vieldeutigkeit unterhalten müßte, um nicht aneinander vorbeizureden. Wir müssen dabei immer die normale Wahrnehmung auf der Erde mit dem deutlichen Auftreten von Dingen und Ereignissen in der bekannten perspektivischen Anordnung als Ausgangspunkt für die Rede von deutlichen Auftreten von Gleichzeitigkeit nehmen.

Man kann natürlich hypothetisch den Fall setzen, daß ich von einem Stern aus längere Zeit auf der Erde zurückliegende Ereignisse auf der Erde, die etwa zeitlich zwischen einem Monat und hunderttausend Jahren zurück liegen, deutlich sehen könnte und fragen, ob man dann nicht von Gleichzeitigkeit reden müßte. Selbst diese Frage würde ich nicht ohne weiteres bejahen. Ich möchte annehmen, daß zur Gleichzeitigkeit auch die Einheit der Wahrnehmungsgegenstände gehört, die in der irdischen Wahrnehmung durch die Zugehörigkeit zur Erde gewährleistet ist.

Eine ganz andere Frage ist, ob man Zeitbeziehungen feststellen kann mit Hilfe der Wissenschaft. Dann müßte man allerdings ständig weiter fragen, welchen Sinn diese Zeitbeziehungen haben. Die Wissenschaft hat festgestellt, daß der Arkturus 38 Lichtjahre von uns entfernt ist. Diese Entfernung bezieht sich nicht ohne weiteres auf den Stern, den wir sehen, sondern auf den Sternkörper, den wir errechnet haben und der eine besondere Beziehung zu dem Stern, den wir sehen, hat. Diese Beziehung ist noch wenig untersucht. Im Rahmen dieser Wissenschaft könnte man nun die Frage nach der Gleichzeitigkeit aufwerfen von den Dingen oder von der Existenz von Dingen und von Ereignissen auf der Erde und dem Sternkörper. Der Sinn einer solchen Frage bedarf aber einer weitgehenden Untersuchung. In dieser ist eine Reihe von Vorfragen zu klären, die wir nur schrittweise behandeln können.

14. Das Signal

Es ist schwierig, all die Momente, die für die Beantwortung dieser Fragen in Betracht kommen, auch nur aufzuzählen. Einstein spricht von einem Signal, das vom Stern zur Erde kommt. Wie kommt Einstein darauf, hier das Signal einzuführen? Dies Signal erleichtert ihm die Darstellung dessen, worauf er hinaus will. Er geht stillschweigend von dem gewaltigen Sternkörper aus, von dem irgendwelche Lebewesen ein Signal in die weite Welt schicken. Doch ist das wohl schlecht ausgedrückt. Ein Signal muß doch wohl einen Adressaten haben, sagen wir also vorläufig, das Signal sei an die Erde oder deren Bewohner gerichtet. Nach den Berechnungen über die Lichtgeschwindigkeit und über die Entfernung des Sternes, gebraucht dies Signal 38 Lichtjahre. Ein Signal muß einen Sinn haben. Es muß sich dabei um eine Botschaft handeln oder um den Versuch einer Botschaft. Vielleicht kann das Signal auch eine ganz andere Bedeutung haben. Wer vom Signal spricht, muß eigentlich diese Bedeutung vorher klären. Eine erschöpfende Klärung werden auch wir nicht vornehmen können. Wir möchten nur soviel sagen, daß es unmöglich ist, eine Bewegung für sich als Signal aufzufassen. Es ist dabei wohl einerlei, welche Art von Bewegung man zugrundelegt, ob man etwa von der Bewegung eines starren Körpers ausgeht oder von der Bewegung eines Körpers in irgendeinem anderen Aggregatzustand oder von der Bewegung eines Atoms oder eines Elektrons oder von der Fortpflanzung einer Welle. Alle diese Bewegungen können für die Wissenschaft interessant sein und Rückschlüsse erlauben auf Zustände oder Ereignisse in vergangenen Zeiten oder in anderen Zeiten. Ich kann versuchen, die Bewegungen immer weiter rückwärts zu verfolgen, ich kann aber nie über solche Bewegungen oder auch über solche Veränderungen zu etwas wie einem Signal kommen. Wenn es richtig ist, daß Trojas Fall durch Feuer auf Bergesspitzen von Kleinasien bis Sparta weiter gemeldet ist, so handelt es sich hier um ein offenbares Signal. Dem Feuer an sich kann aber niemand das Signal ansehen. Das Feuer hat die Bedeutung erst durch eine Übereinkunft erhalten. Wenn allerdings jemand in der Lage war, das Aufleuchten dieser Feuerflammen hintereinander zu verfolgen, ohne daß er die Bedeutung kannte, wird er sich Gedanken gemacht haben über die Bedeutung dieser Flammen und versucht haben, sie als Signale unterzubringen. Das ändert aber nichts daran, daß man von Signalen nur in Geschichten sprechen kann, sondern bestätigt nur diese Feststellung. Wir müssen also ständig dies Signal trennen von der Wahrnehmung eines Gegenstandes oder eines Ereignisses auf dem Sternenfeld. Bei einem Signal braucht der Gedanke der Gleichzeitigkeit der Absendung des Signals mit der Ankunft des Signals überhaupt nicht aufzutauchen. Es ist nichts besonderes, daß eine Botschaft Zeit gebraucht, bis sie an den Empfänger gelangt. Dabei spielt es wohl keine Rolle, wieviel Zeit gebraucht oder benötigt wird. Wenn es sich allerdings um ein Lichtsignal handelt, so könnte man darauf aufmerksam machen, daß vor einigen hundert Jahren das Signal nach Ansicht der Gelehrten keine Zeit gebraucht hätte, während es heute unter Umständen die Zeit von Jahrhunderten oder Jahrtausenden gebraucht. Ob allerdings in den beiden Zusammenhängen Zeit dasselbe bedeutet, müßte noch untersucht werden. Besondere Bedeutung erlangt diese Untersuchung des Signals in Bezug auf die Zeit dadurch, daß dies Signal überhaupt die schnellste Verbindung irgendeiner Art in der ganzen Welt darstellen soll. Es ist dann nur ein kleiner Schritt weiter zu der Behauptung, daß das signalisierte Ereignis vom Stern und die Ereignisse auf der Erde, die beim Eintreffen des Signals auf der Erde sich ereignen, gleichzeitig wären.

Ohne Einführung des Signals könnte man zu einer solchen Behauptung wohl nicht kommen. Die Einführung des Signals nützt aber für diesen Zweck auch nichts. Wenn man „gleichzeitig" im Sinne von gleichzeitiger Wahrnehmung nimmt, so ist eine solche zwischen Signalabgabe und Signalankunft nicht gegeben, sie ist auch nicht gegeben zwischen Signalabgabe und den Ereignissen auf der Erde, die gleichzeitig mit der Signalankunft sind.

15. Noch einmal Hindenburg vom Arkturus aus beobachtet. Die Voraussetzung der Gleichzeitigkeit. Einheit von Arkturus und Erde

Es bleibt allerdings als gewisse Stütze für diese Auffassung von der Gleichzeitigkeit die Überlegung, daß es bei Zugrundelegung der Lehre von der Lichtgeschwindigkeit „theoretisch" möglich sein müßte, auf dem Arkturus Hindenburg in Berlin um 1926 38 Jahre später um 1964 in lebendiger Gegenwart wahrzunehmen. Wenn wir dabei allerdings berücksichtigen, daß unsere gewaltige Sonne, die nur 8 Minuten von uns entfernt ist, uns nicht viel größer als ein Porzellanteller oder jedenfalls kleiner als eine Tischplatte erscheint, so können wir die Frage aufwerfen, wie groß Hindenburg oder sein Kraftwagen auf dem Arkturus erscheinen würde. Für die Wissenschaft handelt es sich um eine einfache Berechnung, die wir aber nicht anstellen wollen. Wir werden aber ungefähr das Richtige treffen, wenn wir sagen, daß dieser Kraftwagen in Berlin auf dem Arkturus nicht so groß wie ein Atom, auch nicht so groß wie ein Atomkern, auch nicht so groß wie ein Elektron erscheinen würde. Dann erhebt sich von selbst die Frage, ist das was auf dem Arkturus erscheint noch irgendwie ein Bild von dem Kraftwagen oder welche Beziehung besteht zwischen dem, was auf dem Arkturus erscheint, und dem Kraftwagen. Wir können die Entfernung von 38 Lichtjahren in Etappen zerlegen und fragen, was aus der Erscheinung, aus der Wahrnehmung des Kraftwagens mit wachsender Entfernung wird, wir können auch die Parallelfrage stellen, was aus den reflektierten Wellen auf der Oberfläche des Kraftwagens mit wachsender Entfernung wird. Wir können auch die Unterfrage stellen, ob und wieweit es sich hier um Parallelfälle handelt.

Wenn wir uns an deutlicher Wahrnehmung orientieren und weiter an Wahrnehmung überhaupt, so verschwindet schon in einiger Entfernung die deutliche Wahrnehmung und die Wahrnehmung überhaupt und wohl auch die Möglichkeit, an dem Zustand der Wellen in dieser Entfernung, in welcher die Wahrnehmung aufhört, noch etwas festzustellen, was dem Zustand der Wellen an der Oberfläche des Kraftwagens entspricht.

Wenn nun auch auf dem Arkturus vom Auftauchen des Kraftwagens keine Rede mehr sein kann, sondern dieser wahrscheinlich schon nach einer Lichtwoche spurlos verschwunden ist, so steht dem gegenüber doch die Tatsache fest, daß der Arkturus selbst, wenn auch arg verkleinert, noch irgendwie auf Erden wahrgenommen wird. Es ist allerdings fraglich, ob man diese Wahrnehmung des Arkturus noch als Wahrnehmung bezeichnen darf, oder wie sie sich zu der deutlichen Wahrnehmung, von der wir ausgehen, verhält. Wenn wir uns den Arkturus als eine Art glühenden Körper oder vielleicht auch als glühendes Gas vorstellen, so ist doch wohl durch die Natur dieses Körpers etwas wie deutliche Wahrnehmung ausgeschlossen, jedenfalls eine direkte Wahrnehmung. Die Schwierigkeiten einer Wahrnehmung des Arkturus werden unvergleichlich viel größer sein als die Schwierigkeiten einer Wahrnehmung einer Sonne aus der Nähe, und zwar entsprechend dem größeren Umfang des Arkturus. In welchem Sinne man trotzdem von einer Wahrnehmung des Arkturus reden könnte oder reden kann, bedürfte einer besonderen Prüfung. Eine solche Rede scheint nur möglich zu sein durch die Verbindung oder Zurückführung des Auftauchens des Arkturus auf Vorgänge im irdischen Bereich, bei welchem mehr oder weniger direkt die Rede von der deutlichen Wahrnehmung einen Sinn hat, z.B. über die Lehre von den Lichtwellen und angrenzenden Wellen und über die Frequenz und alles was in dieser Richtung liegt. Wir erinnern etwa an die Verbindung der Lehre vom Feld und der Ausrichtung der Eisenteilchen im Feld.

16. *Handgreiflichkeit und Deutlichkeit*

In der Lehre von der deutlichen irdischen Wahrnehmung besteht die Gefahr, die Wahrnehmung als kognitiven Akt aufzufassen und zu verselbstständigen. Diese Lehre ist uns so in Fleisch und Blut übergegangen, daß es selbst nach jahrelanger Einsicht in die Fehlerhaftigkeit dieser Lehre noch immer schwer ist, uns von den Konsequenzen dieser Lehre freizuhalten. Wenn man mit uns die deutliche Wahrnehmung in den Mittelpunkt der Untersuchung des Auftauchens von Dingen und Welt stellt, muß man sofort die Erweiterung der eigentlichen Wahrnehmung auf das, was in ihr erscheint, vornehmen, auf alles, was in ihr erscheint. Früher hätte man von Erfahrung gesprochen. Wir meinen, daß wir all dem, in das die deutliche Wahrnehmung eingebettet ist, oder auch all dem, was zur deutlichen Wahrnehmung gehört, am nächsten kommen über die Geschichten und dabei wieder am nächsten auf dem Wege über die Wozudinge und den Leib, welche beide erst über Geschichten verständlich werden. Wir möchten auch in der Wahrnehmung in unserem Sinne nicht das Sehen in dem Mittelpunkt stellen, sondern mit dem Sehen zugleich das Sägen, Bohren, Hämmern in tausend Abwandlungen. Allerdings ist dies Sägen, Bohren und Hämmern nicht jederzeit so gegenwärtig, wie das Gesehene und die Farben, wenn man diese Zusammenstellung machen darf, aber es ist doch in einem anderen Sinne gegenwärtig, nämlich in dem Sinne, daß ich im irdischen Bereich des deutlichen Sehens in den gesehenen Gegenständen einen Wirksamkeitsbereich habe, in welchem ich mit meinem Leib schwimme. Schon im Sitzen, Gehen, Liegen ist der Wirksamkeitsbereich vorhanden. In diesem Wirksamkeitsbereich ist alles mehr oder weniger meinem Eingreifen ausgesetzt. Dem aktuellen Eingreifen liegt immer ein Spielen mit dem Eingreifen oder den Eingreifsmöglichkeiten zugrunde. Ein besonders guter Ausdruck scheint mir in diesem Zusammenhang das Wort handgreiflich zu sein in seiner Zusammensetzung aus Hand und greifen. So könnte man etwa sagen, daß der Bereich der deutlichen Wahrnehmung sich auf den Bereich des Handgreiflichen beschränkt. Da mag man unter handgreiflich zunächst die Werkstatt des Handwerkers mit Umgebung verstehen, dann mag man diese Umgebung erweitern bis auf die Erde, wobei es keinen großen Unterschied macht, ob man diese als Scheibe oder als Kugel auffaßt. Soweit die Erde reicht, reicht das Handgreifliche. Damit ist aber zugleich Schluß mit der deutlichen Wahrnehmung. Was außerhalb der Erde wahrgenommen wird, kann nicht mehr in dieser Weise wahrgenommen werden, sondern muß irgendwie in irdische Verhältnisse übersetzt werden, um erst handgreiflich zu werden, bevor man von deutlicher Wahrnehmung sprechen kann.

Wir übergehen hier die Möglichkeit, den Bereich der deutlichen Wahrnehmung durch Fernrohr und Mikroskop zu erweitern. Bei beiden Instrumenten bleibt etwas von der deutlichen irdischen Wahrnehmung erhalten, es geht aber auch etwas verloren, und zwar etwas, was in das Gebiet des Handgreiflichen fällt. Im übrigen ist diese Erweiterungsmöglichkeit begrenzt, auch wenn man sich auf das sogenannte eigentliche Sehen beschränkt. Die Grenzen mögen unter dem Mikroskop einfacher festzustellen sein als für das Fernrohr. Mit den Einzelheiten wollen wir uns hier nicht aufhalten. Wir halten nur folgendes fest: Wir unterscheiden den Bereich der eigentlichen deutlichen Wahrnehmung, die Erweiterung dieses Bereiches durch Fernrohr und

Mikroskop, verbunden mit Verlust von dem, was zur eigentlichen deutlichen Wahrnehmung gehört, und jenseits von diesem Bereich die Unmöglichkeit, etwas wie deutliche Wahrnehmung vorzunehmen.

17. Gleichzeitigkeit als konkret Aufweisbares. Gleichzeitigkeit und deutliche Wahrnehmung. Die Wahrnehmung des Sternenhimmels und Gleichzeitigkeit. Die Einheit von Erde und Arkturus als Voraussetzung für die Rede von Gleichzeitigkeit

Wenn Gleichzeitigkeit nun etwas konkret Aufweisbares ist, was ich annehmen möchte, so finden wir diese Gleichzeitigkeit konkret vor im Bereich der deutlichen Wahrnehmung. Dabei dürfen wir aber die deutliche Wahrnehmung nicht als kognitiven Akt auffassen oder gar in Verbindung bringen mit einem Akt der Empfindung, sondern wir müssen darunter verstehen unser Verstricktsein in Geschichten, in welchem Gegenstände oder in erster Linie Wozudinge als deutlich gegeben vorkommen. Diese Dinge sind unter sich gleichzeitig oder können unter sich gleichzeitig sein, sie können auch gleichzeitig mit mir und mit meinem Leibe sein. Sie können auch im Verhältnis von vorher und nachher in den Geschichten vorkommen. Wenn mir jetzt meine Tasse aus der Hand fällt und in vielen Scherben am Boden liegt, so ist das Wozuding Tasse gewesen. Dies Wozuding steht im eigentümlichen Zeitverhältnis zu den Scherben.

Unter diesem Gesichtspunkt der Gleichzeitigkeit, des Vorher und Nachher, kann ich alles, was mir von der Welt in deutlicher Wahrnehmung handgreiflich entgegentritt, prüfen. Diese Welt endet aber wenigstens zunächst mit dem Gebiet der deutlichen Wahrnehmung, also sagen wir mit der Erde, wenn wir das Fernrohr außer Betracht lassen. Die Frage ist nun, ob und inwieweit mir in dem Bereich, der über den Bereich der deutlichen Wahrnehmung hinausgeht, etwas wie Gleichzeitigkeit, sei es gleichzeitig mit mir, sei es gleichzeitig mit der Erde, entgegentritt. Das seltsame ist ja, daß mir jenseits der Erde und ihrer nächsten Umgebung überhaupt etwas entgegentritt, wie etwa der gewaltige Sternenhimmel oder wie überhaupt der Himmel. Wenn ich aber diesen gewaltigen Bereich unter dem Gesichtspunkt der Gleichzeitigkeit nach irgendeiner Hinsicht prüfen will, so muß ich mir entgegen halten lassen, daß in diesem Bereich jenseits der Erde etwas, was der deutlichen Wahrnehmung auf Erden entspricht, nicht gegeben ist, nicht aufweisbar ist und daß deswegen auch Gleichzeitigkeit hier nicht unmittelbar auftreten kann. Wenn von Gleichzeitigkeit hier überhaupt gesprochen wird, so setzt das eine Umwandlung der auf-

tauchenden Umwelt, des Himmels oder Sternenhimmels, in eine Welt
nach Art der Erde voraus. Es bleibt dann die Frage zu klären, welchen
Sinn diese Umwandlung hat und welche Bedeutung der Lehre von der
Lichtgeschwindigkeit in diesem Zusammenhang zukommt. Ist in un-
serem Beispiel vom Arkturus die Rede von etwas wie Gleichzeitigkeit
in unserem Sinne, also von Gleichzeitigkeit im irdischen Bereich?
Dann wäre die Voraussetzung, daß Arkturus und Erde eine Einheit
bilden und daß ein Menschengeschlecht Arkturus und Erde bevölkert.
Wir können dafür auch sagen, daß das Jetzt in unsern Beispielen nur
Sinn hat, hinsichtlich eines konkreten, in Geschichten verstrickten
Menschen auf der Erde. Dies Jetzt kann unmöglich auf den Arkturus
verlagert werden. Wenn der Arkturus auch von Menschen bewohnt
sein sollte (oder ein Nebenstern von ihm), so wäre zu prüfen, ob für
einen dieser Menschen von einem Jetzt die Rede sein könnte, und
welchen Sinn dies Jetzt haben könnte. Dies Jetzt hat aber mit dem
Jetzt auf Erden keinerlei Verbindung. Die Möglichkeit einer Verbindung zwischen dem Jetzt auf dem Arkturus und dem Jetzt auf der
Erde besteht erst, oder entsteht erst, wenn Erde und Arkturus eine
Einheit bilden, und zwar nicht irgendeine körperliche Einheit, sondern
eine Einheit über Wozudinge und Geschichten. Erst wenn eine solche
Einheit vorhanden wäre, könnte man fragen, welcher Zusammenhang
zwischen einem Jetzt auf dem Arkturus und einem Jetzt auf der Erde
bestehen könnte. Dabei taucht dann die Frage auf, ob ein Jetzt für
einen Stern oder Weltteil, auf dem es keine Geschichten gibt, überhaupt einen Sinn hat. Oder ob Sinn für ein Jetzt erst entsteht über den
nächsten Stern mit Geschichten. Wenn wir festhalten, daß das Jetzt
nur in Geschichten eine feste Stelle hat, so müssen wir bei der Untersuchung des Jetzt immer wieder von Geschichten ausgehen. Wenn der
Arkturus jenseits von Geschichten liegt, so hat die Rede vom Jetzt, wie
sie auf der Erde verständlich ist, im Hinblick auf den Arkturus keinen
Sinn. Wir müssen dann allerdings weitergehen und sagen, daß es
ohne Geschichten den Arkturus selbst nicht gibt, oder, was dasselbe
ist, daß der Arkturus erst über Geschichten im Horizont unserer Erde
auftaucht. Wenn wir dann die Frage nach der Gleichzeitigkeit noch
aufrecht erhalten wollen, so handelt es sich nur um eine Frage innerhalb dieser Geschichte. Innerhalb dieser Geschichte müssen wir erst
aufklären, was Lichtjahr ist, was Bewegung ist, welche Voraussetzungen man hinsichtlich Raum und Zeit macht, und vieles andere.

KAPITEL III

DIE FRANZÖSISCHE REVOLUTION

ALBERT EINSTEIN und LEOPOLD INFELD, *Die Evolution der Physik*,
S. 135: „Am 14. Juli 1789 ist in Paris die Französische Revolution ausgebrochen." Dieser Satz enthält die Angaben über Schauplatz und
Zeitpunkt eines Ereignisses. Jemandem, der nicht weiß, was das Wort
Paris bedeutet, und zum erstenmal diesen Satz hört, könnte man
folgenden Kommentar dazu geben: Paris ist eine Stadt auf der Erde,
die auf 2° östlicher Länge und 49° nördlicher Breite liegt. Mit diesen
beiden Zahlen ist der Ort festgelegt, und der Ausdruck 14. Juli 1789
bezeichnet den Zeitpunkt, zu dem das Ereignis stattgefunden hat. In
der Physik kommt es nun noch bedeutend mehr als in der Geschichte
auf genaue Orts- und Zeitangaben an, weil diese Daten die Grundlage
für eine quantitative Beschreibung von Vorgängen bilden."

Wir stellen diese Sätze an den Anfang, obwohl auf den ersten Blick
vielleicht nicht ohne weiteres einleuchtet, was sie mit der folgenden
Überlegung zu tun haben. Wir können zunächst nur soviel sagen, daß
das vorstehende DATUM nur in einem großen Zusammenhang einen
Platz oder überhaupt einen Sinn erhält. Wir lassen uns nicht damit
abspeisen, daß das Datum selbstverständlich sich auf Christi Geburt
bezieht, denn bei diesem Datum stellen wir wieder dieselbe Frage.
Schließlich scheinen nur zwei Möglichkeiten der Fixierung zu bestehen. Entweder kann man sagen, so-und-so viel Jahre nach der Erschaffung der Welt, oder man kann sagen, so-und-so viel Jahre vor
dem Zeitpunkt, nämlich vor dem Zeitpunkt, in dem „ich" „dies"
schreibe, 13. Dezember 1963. Dabei ist dies Datum aber nicht wichtig,
sondern allein mein „Schreiben", mein Jetzt.
Wir fragen nun, in Fortsetzung unserer Überlegung, was bedeutet
Geschwindigkeit, was bedeutet Meter, Sekunde, was bedeutet Lichtgeschwindigkeit, Eisenbahngeschwindigkeit, was bedeutet „Gleichzeitigkeit," „Vorher und Nachher" auf dem Arkturus. Wir fragen
weiter, welchen Sinn hat es, den Arkturus mit in ein Koordinatensystem einzubeziehen so, daß etwa eine Achse hier bei uns errichtet

wird und die andere auf dem Arkturus und daß wir dann das Koordinatenspiel, wie wir es aus der Mathematnik kennen, mit diesen beiden Koordinaten treiben und in diesem Sinne von Bewegung reden, von gleichmäßigen Bewegungen, von gleichmäßig beschleunigten Bewegungen, von Inertialsystem.

Wir gehen jetzt auf den Hauptpunkt los. Welchen Sinn kann man all diesen Ausdrücken auf dem Arkturus beilegen, wenn es auf ihm keine Starrheit, keine starren Körper und keine starre Erdkruste, wie auf der Erde, gibt.

Wir glauben nicht, daß diese Frage eins, zwei, drei, beantwortet werden kann. Sie soll in erster Linie auf die großen Schwierigkeiten aufmerksam machen, die hier vorliegen. Wenn die Erde kein fester Körper wäre, würden wohl all die Beispiele, die wir bei Einstein, Infeld, Barnett finden, fortfallen; all die Beispiele sind orientiert nach der festen Erde und den Aufzügen, Dampfern, Eisenbahnen, die sich im Verhältnis zur Erde bewegen und den festen Körpern, die sich auf der Erde vorfinden.

Man kann sogar fragen, ob das Koordinatensystem ohne die Starrheit der Erde oder auf der Erde, einen Halt findet. Man kann allerdings das Koordinatensystem beliebig aufstellen für jeden Ort auf der Erde, aber immerhin nur mit Hilfe der Starrheit der Erde. Wir sehen dabei davon ab, daß man mit Hilfe dieser Starrheit die Koordinatensysteme vielleicht in den Weltraum verlegen kann, aber immer nur mit Hilfe dieser Starrheit. Der ultramikroskopische Körper (Evolution S. 201) bildet für sich keine Grundlage für ein Koordinatensystem. Im Gegenteil, dies Koordinatensystem der starren Umgebung ist in gewissem Sinne Voraussetzung für die Untersuchung der Ultrakörper.

Nun wäre diese Rolle der Starrheit, der irdischen Starrheit, die diese für die Naturwissenschaft spielt, kein Unglück, wenn feststände, was die Starrheit wäre. Man könnte etwa meinen, daß es dafür ausreichend wäre, daß ein Körper im Laufe der Zeit seine Maße nicht ändert. Das erste Nachdenken zeigt aber bereits, daß es in der Hinsicht keine Sicherung geben kann. Man könnte nun bescheidener werden: Jedenfalls ist die Starrheit etwas Festes, wenn man sie auf einen Ort und ein Datum bezieht.

Wir wollen uns nicht wiederholen, aber soviel steht fest, daß Ort und Datum nur von meinem Jetzt aus feststellbar sind, wenn sie überhaupt feststellbar sind, und daß damit ihre Feststellung von Geschichten abhängt. Es ist nicht nur unsicher, was heute und hier ein Meter und eine Sekunde ist, sondern es ist unsicher, ob man für hunderttausend Lichtjahre im selben Sinne von Meter und Sekunde sprechen kann.

Für den, der die Aufgabe der Naturwissenschaft in der Ausarbeitung von Prognosen sieht, sind diese Betrachtungen nicht bestimmt, wenn man dabei relativ kurze Zeiträume zugrunde legt. Für die Prognosen bleibt die Wichtigkeit und Bedeutung bestehen für historische Zeiträume, die aber für die Wissenschaft selbst nichts bedeuten, wenn es nämlich eine solche Wissenschaft gibt. Wir meinen damit, daß die Starrheit auf der Erde und die davon abhängige Konstanz, Identität, Dauer der starren Gegenstände und im Zusammenhang damit die Stabilität der Verhältnisse in der starren Gegenstandssphäre die Grundlagen für Prognosen sind. Auf dem Arkturus wird es solche Grundlagen nicht geben.

Eine weitere Frage ist, was in diesem Zusammenhang die Lichtgeschwindigkeit und insbesondere die Lichtgeschwindigkeit als Höchstgeschwindigkeit bedeutet. Die Lichtgeschwindigkeit, von der wir hier reden, ist ausgerichtet nach den irdischen Maßen und irdischen Zeiträumen.

KAPITEL IV

DIE ZWEIDIMENSIONALE WELT

ALBERT EINSTEIN und LEOPOLD INFELD, *Die Evolution der Physik*, S. 149 (Geometrische Experimente): „Unser nächstes Beispiel ist noch phantastischer als das mit dem fallenden Aufzug. Wir müssen an ein neues Problem herangehen, an die Verknüpfung der allgemeinen Relativitätstheorie mit der Geometrie. Beginnen wir mit der Schilderung einer Welt, in der nur zweidimensionale und nicht, wie in der unsrigen, dreidimensionale Wesen leben. Das Kino hat uns an den Anblick zweidimensionaler Wesen gewöhnt, die auf einer zweidimensionalen Leinwand agieren. Jetzt stellen wir uns vor, daß diese Schattengestalten, also die Schauspieler, auf der Leinwand, wirklich existieren, daß sie denken und eine eigene Wissenschaft ausbilden können, und daß die zweidimensionale Leinwand für sie ein geometrischer Raum ist. Diese Wesen sind nicht in der Lage, sich einen dreidimensionalen Raum plastisch vorzustellen, wie wir uns ja auch kein Bild von einer vierdimensionalen Welt machen können. Sie sind imstande, eine Gerade zu biegen, sie wissen, was ein Kreis ist, aber sie können keine Kugel konstruieren, weil sie dazu aus ihrer zweidimensionalen Leinwand heraustreten müßten. Wir sind in einer ähnlichen Lage. Wir können Linien und Flächen biegen und krümmen, aber einen gebogenen und gekrümmten dreidimensionalen Raum können wir uns kaum ausmalen.”

Es ist wohl nicht richtig, daß das Kino uns an den Anblick zweidimensionaler Wesen gewöhnt hat, die auf einer zweidimensionalen Leinwand agieren.

Die Menschen und Dinge, die wir im Kino sehen, sehen wir dreidimensional. Wir sehen sie in einer Entfernung vor uns. Die Entfernung von uns zum Vordergrund oder Hintergrund im Kinostück ist verschieden. Man kann allerdings die Frage aufwerfen, ist die Entfernung von uns zu den Personen im Kino dasselbe, wie die Entfernung von uns zu dem Rahmen, respektive zu den Gegenständen und Dingen, rechts und links, oben und unten von der Kinoleinwand. Soviel ich sehe, beantworten sich diese Fragen genau so wie beim Bilde. Wir haben diese Fragen bisher behandelt in *Philosophie der Geschichten*, S. 125, „Das Bild und sein Gegenstand."

Wenn diese Wesen auf der Kinoleinwand wissen sollen, was ein Kreis ist, und wohl auch, was ein Dreieck ist, so können sie Kreis und Dreieck nur aus der Anschauung kennen, in dem sie von oben oder von außen, oder wie man das sonst bezeichnen will, sich Kreis und Dreieck zur Anschauung bringen, so wie wir das etwa auf der Wandtafel tun, immer mit Hilfe der dritten Dimension, aber nie mit Hilfe von zwei Dimensionen. Kreis und Dreieck kann man sich nicht von der Seite zur Anschauung bringen. Wenn man das versuchte, würde eine Linie daraus werden und die Eigenschaft der Figur verloren gehen, aber selbst diese Linie wäre wieder nur in einer Entfernung von mir vorzustellen und mit dem Raum rechts und links von der Linie, also doch wieder in einem dreidimensionalen Raumgebilde.

Das Beispiel des Kino kann die Aufgabe, die ihm gestellt wird, nicht vollbringen, weil das Wesentliche vom Bild und von Darstellung im Bilde verkannt ist.

Innerhalb des Bildes und mit dem Bilde tauchen ebensowohl drei Dimensionen auf wie in der Wirklichkeit. Die Personen im Bilde sehen genauso drei-dimensional wie meine Mitmenschen. Es ist unmöglich, das Bild als eine bemalte Fläche zu betrachten. In dem Augenblick, in dem man dieses versucht, verschwindet der Bildcharakter und das Dargestellte. Wenn der Versuch gelingt, hat man jetzt eine flächige Ebene vor sich mit farbigen Flecken, die wieder Dinge für sich sind und zur Wirklichkeit gehören, wie andere Gegenstände in der Wirklichkeit.

Wenn dies Beispiel von Einstein den Zweck, der mit ihm verfolgt wird, nicht erfüllt, den Zweck, uns die vierte Dimension verständlich zu machen, so ist damit nicht gesagt, daß die Überlegungen, die zur vierten Dimension führen, falsch sind, aber auf jeden Fall müßte uns die vierte Dimension auf andere Weise näher gebracht werden.

Vielleicht kann man sich aber über die Lage eher verständigen, wenn man das Verhältnis der starren Wozudinge auf der Erde und der hier vorfindlichen geometrischen Figuren, die man vielleicht zunächst besser als Ornamente bezeichnete oder mit Ornamenten vergliche, in Beziehung setzte zu den Gebilden der euklidischen Geometrie. Diese Beziehung hat bereits Plato sehr genau untersucht. Man könnte aber vielleicht gegen Plato einwenden, daß die Figuren in der Wirklichkeit, daß etwa das Kreidedreieck auf der Tafel doch vielleicht das Ursprüngliche ist gegenüber dem euklidischen Dreieck.

Alle Untersuchungen nach dieser Richtung leiden an vielen Mängeln. Die Sachlage ist viel komplizierter, als man sich in Anlehnung an Plato bislang vorgestellt hat.

Zur Aufklärung gehört jedenfalls eine Lehre von der Wahrnehmung, von Einzelding und Gattung, von Einzelding und Begriff, von Gattung und Begriff, von Idee und idealen Gegenstand und Anschauung des idealen Gegenstandes und noch vieles andere, was in den bisherigen Überlegungen bunt durch einander gewürfelt wird.

KAPITEL V

DAS GEWITTER UND DER ZUG

LINCOLN BARNETT, *Einstein und das Universum*, S. 59–60: „Um zu verstehn, worum es sich handelt muß man sich die Fehler vergegenwärtigen, die dem alten Prinzip der Addition von Geschwindigkeiten anhaften. Diese Fehler wurden von Einstein an einem anderen Eisenbahnspiel aufgezeigt. Wiederum dachte er an ein gerades Gleis, diesmal mit einem Beobachter, der auf dem Bahndamm daneben sitzt. Ein Gewitter bricht aus, und zwei Blitzstrahlen schlagen gleichzeitig an zwei Punkten A und B des Schienenstranges ein. Was verstehen wir nun unter „gleichzeitig"? so fragt Einstein. Um diesen Begriff präzis zu fassen, nahm er an, der Beobachter sitze genau zwischen A und B und verfüge über ein Spiegelsystem, das es ihm ermögliche, A und B gleichzeitig zu sehen, ohne seine Augen zu bewegen. Die Einschläge sind dann als gleichzeitig anzusehen, wenn ihre Reflexion in den Spiegeln auf einmal erscheinen. Jetzt saust ein Zug auf den Schienen heran, und ein zweiter Beobachter hockt auf dem Dache eines der Wagen, mit einer Spiegelvorrichtung, die der des anderen Beobachters entspricht. Dieser fahrende Beobachter findet sich, so nimmt Einstein an, seinem Kollegen auf dem Bahndamm genau in dem Augenblick, wo die Blitze A und B treffen, direkt gegenüber. Die Frage lautet jetzt: Werden die Blitzeinschläge ihm als gleichzeitig erscheinen? Die Antwort heißt: Nein! Denn wenn der Zug sich vom Blitzstrahl B entfernt und auf den Blitzstrahl A zuführt, dann ist klar, daß B in des Beobachters Spiegel um den Bruchteil einer Sekunde später reflektiert werden wird als A.

Um keinen Zweifel daran zu lassen, wollen wir vorübergehend annehmen, daß sich der Zug mit der unmöglichen Geschwindigkeit von 300.000 Kilometer in der Sekunde bewegt, also mit Lichtgeschwindigkeit. In diesem Fall wird Blitz B, der sich mit derselben Geschwindigkeit wie Blitz A bewegt, nicht von den Spiegeln reflektiert werden, weil er niemals imstande sein wird, den Zug einzuholen. Darum wird der Beobachter auf dem Zug behaupten, daß nur ein einziger Blitzstrahl den Bahnkörper getroffen habe. Und wie groß auch immer die

Geschwindigkeit des Zuges sein mag, der fahrende Beobachter wird immer darauf bestehen, daß der Blitz vor ihm den Bahnkörper zuerst getroffen habe. So sind also die Einschläge, die für den nicht in Bewegung befindlichen Beobachter gleichzeitig erfolgten, für den Beobachter auf dem Zug ungleichzeitig."

Wir beginnen mit dem letzten Satz: So sind also die Einschläge, die für den nicht in Bewegung befindlichen Beobachter gleichzeitig erfolgten, für den Beobachter auf dem Zug ungleichzeitig.

Wir fragen zunächst, aus welchem Grunde führt Einstein den fahrenden Zug ein? Konnte er nicht den Unterschied zwischen gleichzeitig und ungleichzeitig ebenso klarmachen, wenn er den Beobachter aus dem Zuge herausnahm und in passender Entfernung links von dem ruhenden Beobachter auf den Bahndamm aufstellte. Dieser Beobachter würde zunächst den Blitz A sehen, dann würde der in der Mitte sitzende Beobachter die Blitze A und B gleichzeitig sehen und dann würde der linkssitzende Beobachter den Blitz B sehen. Wir können auch versuchen, uns den Verlauf noch etwas genauer vorzustellen. Von A und B gehen Wellen aus in Form einer Kugel. Es kommt uns hier auf die erste Welle nach den beiden Blitzeinschlägen an. Diese dehnt sich aus von A und von B gleichzeitig und in gleicher Weise. Die Welle trifft zunächst auf den linken Beobachter, und zwar von A aus; dieselbe Welle, allerdings mit anderen Teilchen der Welle, trifft dann gleichzeitig mit der Welle von B bei dem mittleren Beobachter ein. Die Welle von B trifft dann etwas später bei dem linken Beobachter ein. Aber immerhin in einer anderen Welle oder wie man das sonst ausdrücken muß, als bei dem mittleren Beobachter.

Bei normaler Sprechweise unter Verwendung der Naturwissenschaft von Einstein stoßen wir auf 5 oder 6 wichtige Zeitpunkte, und zwar erstens auf die beiden Zeitpunkte für die Einschläge auf den Bahndamm. Diese beiden Zeitpunkte sollen ein und derselbe Zeitpunkt sein. Dann kommt der Zeitpunkt, in dem Blitz A bei dem linken Beobachter eintrifft. Dann kommt der Zeitpunkt, in dem die beiden Blitze *wieder* gleichzeitig bei dem mittleren Beobachter eintreffen.

Diese Gleichzeitigkeit liegt hinter der Gleichzeitigkeit in der die beiden Blitze den Bahndamm trafen, und zwar ist eine zeitliche Entfernung zwischen dem Auftreffen der beiden Blitze auf den Bahndamm und dem Eintreffen der beiden Blitze bei dem Beobachter, wenn man so sagen darf, vorhanden.

Ich kann nun dieselbe Betrachtung hinsichtlich der beiden Blitze im Hinblick auf den linken Beobachter anstellen. Das Auftreffen der Blitze auf den Bahndamm bleibt unverändert. Die Dauer des Eintreffens der entsprechenden Wellen ist aber hinsichtlich der Blitze A und B verschieden und muß verschieden sein.

Der Satz, von dem wir ausgehen, ist also ungenau, wenn nicht sogar unrichtig. Man kann vielleicht zwar sagen, daß die Einschläge das eine mal gleichzeitig, das andere Mal ungleichzeitig waren; man muß dann aber berücksichtigen, daß die Einschläge in verschiedenen Entfernungen wahrgenommen werden und daß es seit dem Bekanntwerden der Gesetze über die Lichtgeschwindigkeit selbstverständlich ist, daß die Einschläge in verschiedenen Entfernungen zu verschiedenen Zeiten wahrgenommen werden. Mit diesen verschiedenen Zeiten korrespondiert übrigens die Änderung in der Größe des wahrgenommenen Gegenstandes und in der Deutlichkeit der Wahrnehmung des Gegenstandes. So mögen es zwar identisch dieselben Blitze sein, die der linke und mittlere Beobachter wahrnehmen. Es muß aber stets berücksichtigt werden, daß die „Wahrnehmung" eines Gegenstandes sich mit der Entfernung von ihm ändert.

Bei dieser Änderung muß man zweierlei auseinander halten: Wenn derselbe Beobachter sich einen starre Gegenstande, sagen wir einem Hause, nähert oder sich von ihm entfernt, so ändert sich die Wahrnehmung, wenn wir abgekürzt so sagen dürfen, mit dem Grade der Entfernung. Wenn es sich um einen einzelnen Beobachter handelt, so bleibt der Gegenstand, das Haus, bei der Annäherung derselbe Gegenstand, aber doch immerhin in einer verschiedenen Zeit.

Wenn wir unsere Rede vom Alter hier einführen dürfen, können wir auch sagen, in einem verschiedenen Alter. Der andere Fall ist der, daß zwei Beobachter aus verschiedenen Entfernungen einen Gegenstand in demselben Zeitpunkt wahrnehmen, aber, und das ist besonders wichtig, in demselben Zeitpunkt vom Gegenstand ausgesehen, nicht von den Beobachtern ausgesehen. Wir möchten es vermeiden, hier von einer Uhr zu sprechen, sonst würden wir sagen, den Gegenstand zur selben Uhrzeit sehen. Das würde die Sache aber nur noch komplizierter machen. Wir können vielleicht besser sagen, den Gegenstand im selben Alter sehen, oder zu verschiedenen Zeitpunkten von den Beobachtern ausgerechnet. Vom starren Gegenstand aus müssen wir nun zum Blitz kommen oder zum Ereignis. Nun hat ein Ereignis oder auch ein Blitz selbst wieder eine gewisse Dauer, wobei aber schwer zu fassen ist, was diese Dauer im Vergleich zu der Dauer oder dem Alter eines starren Dinges bedeutet.

Selbst beim kurzfristigen Ereignis – ich will nicht entscheiden, ob der Blitz als Ereignis zu fassen ist – kann man wohl Anfang, Mitte und Ende unterscheiden. Wir wollen aber damit die Sachlage nicht komplizieren, sondern versuchen, ob wir weiterkommen, wenn wir das Ereignis oder den Blitz mit seinem Anfang gleichsetzen. Dann fällt die Identität des Gegenstandes bei Annäherung durch einen Beobachter oder bei Entfernung eines Beobachters nach der Sachlage fort. Der Anfang des Blitzes hat wenigstens in diesem Zusammenhang keine Zeitausdehnung. Ein und dieselbe Person kann sich nicht diesem Anfang nähern oder sich von ihm entfernen. Dies entspricht genau dem, was wir über Wahrnehmung desselben Wozudinges bei wechselnder Entfernung festgestellt haben.

Der Anfang des Blitzes hat keine Zeitausdehnung und kein Alter.

Er kann nicht von ein- und demselben Beobachter in verschiedenen Entfernungen wahrgenommen werden.

Derselbe Blitz kann aber ohne Schwierigkeiten aus zwei verschiedenen Entfernungen von zwei Beobachtern ungleichzeitig wahrgenommen werden. Es fragt sich nur, wie man dies feststellen kann. Die Feststellung ist dadurch etwas erschwert, daß man von einem so schwierigen Gegenstand oder Ereignis, wie dem Blitz oder gar dem Anfang des Blitzes, ausgeht. Man braucht aber den Fall nur ein wenig zu ändern, um festzustellen, daß die Rede von Ungleichzeitigkeit nur mit Vorsicht zu gebrauchen ist. Wenn die beiden Beobachter das Ereignis oder den Blitz aus verschiedener Entfernung sehen, so sehen sie zwar dasselbe, aber mit Einfluß durch die Entfernung; man kann auch sagen, zu jeder Wahrnehmung gehört eine Entfernung; mit dem Grade der Entfernung ändert sich die Deutlichkeit, insbesondere auch die Größe des wahrgenommenen Gegenstandes. Wenn ich also zwei Wahrnehmungen *eines* Gegenstandes (von zwei Beobachtern) zu einander in Beziehung bringen will, insbesondere in zeitliche Beziehung, so genügt niemals eine Zeitangabe hinsichtlich des Ereignisses selbst oder hinsichtlich des Gegenstandes selbst, sondern hinzukommen muß mindestens die Entfernung des Beobachters von dem Ereigniss. Mit „eines Gegenstandes" ist ausgedrückt, daß der Gegenstand der beiden Wahrnehmungen identisch sein soll. Damit ist hinsichtlich des Gegenstandes die Zeit festgelegt.

Das Beispiel von Einstein ist noch nach zwei Richtungen interessant.

Aus welchem Grunde muß der Beobachter auf dem Bahndamm über ein Spiegelsystem verfügt, das ihm ermöglicht, A und B gleichzeitig zu sehen, ohne seine Augen zu bewegen. Einstein scheint hier auf einen Begriff oder sagen wir lieber, auf ein Gebilde von Gleichzeitigkeit kommen, an dem niemand etwas aussetzen kann. Diese Gleichzeitigkeit scheint schon gefährdet zu sein im Sinne Einsteins, wenn der Beobachter um die beiden Blitze zu sehen, seine Augen bewegen müßte. Es ist allerdings wohl sehr fraglich, ob das Spiegelsystem dabei etwas nützt. Wir möchten uns nicht wiederholen. Wir verweisen auf unsere Ausführungen über deutliche Wahrnehmung als Grundlage der Feststellung von Gleichzeitigkeit. Die Einführung des Spiegelsystems beeinträchtigt schon diese Grundlage. Die unmittelbare Beziehung zwischen meinem Leib und den Gegenständen im Spiegel ist aufgehoben. Die Gleichzeitigkeit von Ereignissen, die ich in meiner unmittelbaren Umgebung wahrnehme, kann ich mit dem Spiegelsystem schon nicht mehr wahrnehmen. Ich habe jetzt mit dem Spiegelsystem keine unmittelbare Kontrolle über den Ort der Blitze und über ihre Entfernung von mir, obwohl beides die Grundlage für die Gleichzeitigkeit der Blitze und die Gleichzeitigkeit der Wahrnehmung der Blitze ist. Für eine ganz genaue Betrachtungsweise müßte man noch viel sorgfältiger verfahren. Für das, was in meiner unmittelbaren Umgebung passiert, brauche ich Zeit des Ereignisses und Zeit der Wahrnehmung des Ereignisses nicht auseinanderzuhalten. Durch die Einführung des Spiegelsystems wird der Unterschied zwischen Zeitpunkt der Blitzeinschläge und ihrer Wahrnehmung verwischt.

Interessant mag bei dem allen sein, daß Einstein mit der Einführung des Spiegelsystems vielleicht schon auf etwas wie deutliche Wahrnehmung lossteuert. Er bleibt dabei aber im Technischen stecken und verliert mit der Einführung des Spiegels mehr, als er gewinnt.

Wir hatten die Frage aufgeworfen, weswegen Einstein für den zweiten Beobachter, der die Ungleichzeitigkeit der Blitzeinschläge feststellt, einen fahrenden Zug gebraucht und sich nicht zufrieden geben kann mit einem Beobachter, der einfach auf dem Bahndamm links neben dem mittleren Beobachter sitzt. Einstein gebraucht den fahrenden Zug, um sein Beispiel, daß der Zug mit Lichtgeschwindigkeit fährt, einführen zu können. Bei diesem Beispiel wird der Lesser dann überzeugt, daß der zweite Beobachter die beiden Blitze nicht nur ungleichzeitig sieht, sondern daß er den zweiten Blitz überhaupt nicht sieht. Wenn Einstein über die Beziehung zwischen deutlicher Wahrnehmung in der nächsten Umgebung, deutlicher Wahrnehmung von Gleichzeitigkeit und Wegfall der Deutlichkeit mit zunehmender Entfernung im einzelnen nachgedacht hätte, hätte er ein solches Beispiel nicht bilden dürfen. Wer sich mit Lichtgeschwindigkeit von einem

Orte entfernt, braucht sich nicht zu wundern, wenn die Wahrnehmung ihm keine Unterlagen für Auftauchen von Gleichzeitigkeit gibt.

Voraussetzung für die Bildung solcher Beispiele, ist eine Lehre von der deutlichen Wahrnehmung oder von dem deutlichen Auftauchen von Gebilden und Ereignissen in der Welt. Schon die Einführung der Blitze in diesem Zusammenhang ist bedenklich. Man könnte fragen, aus welchem Grunde führt Einstein hier den Blitz ein?

KAPITEL VI

DER AUFZUG

Albert Einstein und Leopold Infeld, *Die Evolution der Physik*, S. 145ff: „Ein großer Aufzugskasten befindet sich im Dachgeschoß eines überdimensionalen Wolkenkratzers. Plötzlich reißt das Seil, und der Aufzug saust frei in die Tiefe. Drinnen befinden sich Beobachter, die während des Absturzes experimentieren. Luftwiderstand und Reibung können wir aus dem Spiel lassen, weil wir ja idealisierte Verhältnisse zugrunde legen. Einer der Beobachter nimmt ein Taschentuch und eine Uhr heraus und läßt beides los. Was geschieht mit den Gegenständen? Für einen *draußen postierten Beobachter*, der durch ein Fenster in den Aufzug hineinsehen kann, fallen Taschentuch und Uhr vollkommen gleichmäßig, also mit gleicher Beschleunigung. Wir erinnern uns, daß die Beschleunigung eines fallenden Körpers von seiner Masse völlig unabhängig ist. Aus dieser Tatsache ergab sich ja die Äquivalenz von schwerer und träger Masse (S. 30 f). Wir erinnern uns weiter daran, daß die Äquivalenz von schwerer und träger Masse im Rahmen der klassischen Mechanik als etwas Zufälliges gewertet wurde und ohne Einfluß auf ihre Struktur blieb. Hier allerdings kommt dieser Äquivalenz, die in der gleichen Beschleunigung aller fallenden Körper zu Ausdruck kommt, entscheidende Bedeutung zu, bildet sie doch die Grundlage unseres ganzen Gedankenganges.

Kehren wir wieder zu unseren fallenden Gegenständen, dem Taschentuch und der Uhr, zurück. Für den Außenbeobachter fallen sie beide mit gleicher Beschleunigung. Dasselbe gilt für den Aufzugkasten samt seinen Wänden, seiner Decke und seinem Fußboden. Folglich wird sich auch der Abstand der beiden Gegenstände vom Fußboden nicht ändern. Für den Innenbeobachter bleiben sie genau dort, wo er sie losgelassen hat. Das Schwerefeld kann der Innenbeobachter ruhig ignorieren, da der Ursprung desselben außerhalb seines Systems liegt. Er stellt nur fest, daß *im Aufzugkasten* keine Kräfte auf die beiden Gegenstände einwirken. Sie ruhen genau so, als befänden sie sich in einem Inertialsystem. Es geht merkwürdig zu in diesem Aufzug! Wenn der Beobachter zum Beispiel einem Körper einen Stoß gibt, ganz gleich in welcher Richtung – sagen wir einmal nach oben oder unten –, so bewegt dieser sich so lange gleichförmig weiter, bis er gegen die Decke bzw. den Fußboden des Aufzugs stößt; kurz und gut: für den Beobachter in dem Aufzug haben die Gesetze der klassischen Mechanik Geltung. Alle Körper verhalten sich genau so, wie es nach dem Trägheitsgesetz von ihnen erwartet wird. Unser neues, fest mit dem frei fallenden Aufzug verbundenes System unterscheidet sich von einem vollkommenen Inertialsystem nur in einer Hinsicht: in einem Inertialsystem behält ein gleichförmig bewegter Körper, auf den keine Kräfte einwirken, nämlich ewig diesen Zustand bei; denn das Inertialsystem der klassischen Physik hat weder räumliche noch zeitliche Grenzen, und das ist nun eben bei unserem Beobachter in dem Aufzug nicht der Fall. Den Trägheitserscheinungen seines Systems sind vielmehr räumliche und zeitliche Grenzen gesetzt. Früher oder später wird ein darin gleichförmig bewegter Körper gegen die Aufzugwände stoßen, womit dann die gleichförmige Bewegung ihr Ende findet; und schließlich wird ja auch der ganze Aufzug früher oder später auf die Erde aufschlagen, und dann bleibt von den Beobachtern und ihren Experimenten überhaupt nichts mehr übrig. Das Aufzugsystem ist also nur eine „Taschenausgabe" eines echten Inertialsystems.

Der räumlich begrenzte Charakter des Systems ist anderseits aber auch wieder eine Vorbedingung für unser Experiment. Wenn der Aufzug nämlich so breit wäre, daß er vom Nordpol bis zum Äquator reichte, und wenn das Taschentuch über dem Nordpol, die Uhr dagegen über dem Äquator losgelassen würde, dann hätten die beiden Gegenstände für den Außenbeobachter keineswegs die gleiche Beschleunigung und würden daher nicht relativ zueinander ruhen. Damit wäre aber unsere ganze Überlegung über den Haufen geworfen. Die Abmessung des Aufzugskasten müssen also in der Weise begrenzt sein, daß alle Körper darin relativ zum Außenbeobachter praktisch die gleiche Beschleunigung haben."

[1] Wir fragen, welchen Sinn es hat, bei diesen Experimenten und bei ähnlichen Experimenten nach alter Sprechweise Wissen und Erinnerung und alles, was damit zusammenhängt, auszuschalten. Es heißt in unserem Text: „Das Schwerefeld kann der Innenbeobachter ruhig ignorieren, da der Ursprung desselben außerhalb seines Systemes liegt. Er stellt nur fest, daß *im Aufzugskasten* keine Kräfte auf die beiden Gegenstände einwirken.... für den Beobachter in dem Aufzug haben die Gesetze der klassischen Mechanik Geltung. Alle Körper verhalten

sich genauso, wie es nach dem Trägheitsgesetz von ihnen erwartet wird."

Man kann aber ebensogut sagen: Wenn der Beobachter Wissen und Erinnerung wirken oder gelten läßt, so muß er im höchsten Grade erstaunt sein, daß Taschentuch und Uhr nicht zur Erde fallen. Er wird sofort auf den Gedanken kommen: Hier muß was los sein, wenn Uhr und Taschentuch nicht zur Erde fallen; sicher saust der Aufzug in die Tiefe, dann ist es selbstverständlich, daß Uhr und Taschentuch im Verhältnis zum Aufzug nicht mehr fallen.

Wir fragen nun weiter, mit welchem Recht bezeichnet Einstein den Aufzug als ein System, ebenso, wie er den Aufenthaltsort und die Umgebung, in welcher der Außenbeobachter sich befindet, auch als System bezeichnet. Einstein kommt dann zu dem Gegensatz, daß für den Außenbeobachter, Taschentuch und Uhr fallen, während sie für den Innenbeobachter ruhen.

Die Frage ist, ob wir die Rede von den beiden Systemen mitmachen. Diese Rede setzt schon eine Abstraktion von der Wirklichkeit voraus oder eine Abstraktion von dem Alltag, die – wenn wir uns zunächst vorsichtig ausdrücken wollen – bedenklich ist. Wenn wir von der starren Erde oder Erdoberfläche und den starren Wozudingen als Experimentierfeld ausgehen, so muß man doch wohl den Unterschied von der Mutter Erde, von der alles umfassenden Erde und den einzelnen Dingen, den Dampfern, Aufzügen, Eisenbahnzügen zugrunde legen. Man kann wohl nicht die Erde und den Dampfer im gleichen Sinne als System bezeichnen oder man kann dies nur mit Vorsicht tun. Jedenfalls muß man dabei berücksichtigen, daß hier das eine System, die Erde, das andere System in sich einschließt, während das Umgekehrte nicht so der Fall ist. Man kann dabei wohl zugeben, daß die Erde vielleicht in einem anderen System wieder eine ähnliche Rolle spielen mag, wie der Aufzug in System der Erde, aber vielleicht doch schon mit gewissen Unterschieden und wohl nicht in dem genau selben Sinne. Wohl mag es möglich sein, wenigstens in Gedanken noch dazwischen liegende Fälle zwischen Dampfer, Aufzug und Erde zu ersinnen und dabei auch auf ähnliche Verhältnisse wie zwischen Erde und Dampfer zu kommen. Damit taucht dann aber gleichzeitig eine wichtige Frage auf: Ist es möglich, Systeme zu ersinnen und zu einander in Beziehung zu setzen, in der Art, wie Einstein es hier tut, die im übrigen – hier ist schwer, den richtigen Ausdruck zu finden – nichts miteinander zu tun haben. Man kann besser positiv fragen, wieviel müssen sie miteinander zu tun haben, um die Fragestellungen, um die es sich hier handelt, zu rechtfertigen oder sinnvoll zu machen.

Soweit die Widersprüche, die zwischen Innenbeobachter und Außenbeobachter auftreten, sich im größeren Rahmen ohne weiteres aufklären oder sogar im größeren Rahmen zunächst notwendig auftreten müssen, um dann aber bei näherer Betrachtung im größeren Ganzen sich ohne weiteres vereinen zu lassen, wird der Sinn der ganzen Betrachtung fraglich oder anders ausgedrückt, erhält die ganze Betrachtung erst ihren Sinn; sie führt dann allerdings zu der Frage nach der Einheit des Ganzen, in welcher diese Widersprüche sich vereinen lassen, in welcher sie aber auch erst verständlich werden.

Inwiefern hängen diese Widersprüche zwischen den beiden Beobachtern damit zusammen, daß der Aufzug mit den darin befindlichen Gegenständen einschließlich des Innenbeobachters keine Einheit bildet während der Zeit, die hier in Frage kommt. Vor Beginn des Falles drückte der Beobachter auf seinen Stuhl, drückten Uhr und Aschenbecher auf den Tisch, drückte der Tisch auf den Fußboden. Was wird aus diesem Druck mit dem Absinken des Aufzuges?

Man kann zum Vergleich einen anderen Fall bilden, der die Bedeutung dieser Frage noch hervorhebt. Man kann Aufzug und Gegenstände mit einer kleinen Änderung des Falles getrennt für sich in die Tiefe sausen lassen. Würde dann Einstein sagen, daß 10 Systeme in die Tiefe sausen oder würde er dabei bleiben, daß das Ganze ein System bildet? Die Fallgeschwindigkeit wäre bei allen 10 Gegenständen dieselbe, auch die Entfernung der Gegenstände untereinander würde bei diesem Beispiel dieselbe bleiben. Der Innenbeobachter käme allerdings in eine etwas unglückliche Lage, wenn er sich nun zwischen den 10 Gegenständen bewegen wollte, wenn er Uhr oder Taschentuch fallen lassen wollte, oder wenn er auch nur einen Schritt nach vorwärts oder rückwärts machen wollte. Hat er in Wirklichkeit vielleicht dieselben Schwierigkeiten auch im Aufzug?

Diese Frage müssen wir im Auge behalten.

Im übrigen werden die 10 Gegenstände in gleichem Tempo, in gleicher Entfernung untereinander, und zwar in gleicher Seiten- und Höhenentfernung schließlich unten anlangen. Auf ihrem Wege nach unten sind sie aber unabhängig voneinander. Ein Gegenstand oder auch mehrere Gegenstände können bei entsprechender Einwirkung das Rudel der Gegenstände verlassen, und zwar nach allen Richtungen, ohne daß dabei die zurückbleibenden Gegenstände davon beeinflusst werden.

Was verbindet nun diese Gegenstände, die gleichmäßig fallen, miteinander? Nach der klassischen Auffasung würden wir sagen: Dieselbe Gravitationskraft wirkt auf sie. Damit entsteht aber kein näherer Zusammenhang, als wenn zum Beispiel zehn Gegenstände in einer Entfernung von je 100 Metern oder auch von 10 Metern gleichzeitig zur Erde fallen aus einer bestimmten Entfernung von der Erde.

Man kann das Beispiel auch noch vereinfachen und zwei Gegenstände nebeneinander zur Erde fallen lassen. In all diesen Fällen taucht die Frage auf, ob nun zwei oder zehn Systeme in Bewegung geraten, oder ob es sich um ein System handelt. Die Schwierigkeit liegt für uns darin, daß wir ohne Zuhilfenahme des Aufzuges den Innenbeobachter nicht unterbringen können. Wir haben niemanden, der, wie bei Einstein, einem Körper einen Stoß gibt. Wir könnten allerdings einen Flieger im Flugzeug bei unseren angenommenen zehn Gegenständen die Manöver ausführen lassen. Das wäre aber schon viel schwieriger. Angenommen, der Flieger hätte sich der Geschwindigkeit der fallenden Gegenstände angepaßt und er teilte diesen oder einem von diesen einen Stoß zur Seite.

Hier stellt sich eine gewisse Schwierigkeit ein, weil in unserem Beispiel die Luft nicht mitfällt. Meine Spezialkenntnisse reichen nicht aus, um zu sagen, was nun passiert, wenn man die Luft mit berücksichtigt, aber soviel ist sicher, das Beispiel Einsteins hinsichtlich des Aufzuges und der Gegenstände im Aufzug, die einen Stoß erhalten, setzt schon voraus, daß die Luft im Aufzug mit nach unten fällt, in gleicher Geschwindigkeit wie die Gegenstände im Aufzug. Dann bilden aber doch wohl Aufzug und Gegenstände und Luft eine eigenartige Einheit. Man könnte nun das Beispiel variieren und den Aufzug luftleer machen. Dann würde vielleicht das Beispiel von Einstein wieder stimmen, abgesehen davon, daß wir für den Beobachter eine Art Sauerstoffatmung einführen müßten. Damit würde dann allerdings Aufzug und die Gegenstände darin wieder zu einer andersartigen Einheit werden. Hier taucht dann die Frage auf: Nach Einstein sind den Trägheitserscheinungen des Aufzugssystems, besser wohl im Aufzugssystem, räumliche und zeitliche Grenzen gesetzt. Es handelt sich dabei aber wohl nicht, wie Einstein anzunehmen scheint, um etwas Zufälliges oder Nebensächliches, etwa der Art, daß jedes System solche Grenzen aufwiese, sondern es handelt sich um Grenzen, die dem System immanent sind und die uns veranlassen, die Anwendung des Ausdrucks System auf diesen Fall abzulehnen. Jeder starre Körper ist nach dieser Ausdrucksweise ohne weiteres ein System. Man braucht sich nur vorzustellen, daß jeder starre Körper im Innern einen kleinen Hohlraum hätte, vielleicht mit einem Insekt und einem Steinchen, dann könnte man entsprechende Gedanken für jede Bewegung dieses starren Körpers und für die Teilnahme des Insektes und des Kieselsteinchens an dieser Bewegung anstellen. Um das Spaßhafte dieses Beispiels etwas zu verdecken, mag man den starren Körper und den Hohlraum darin etwas größer nehmen. Man wird dann wohl zu dem Ergebnis kommen, daß Innenbeobachter und Außenbeobachter, wenn sie nicht willkürliche Trennungen vornehmen, sondern Umwelt und Aufzug als Einheit auffassen, sich nur wundern müßten, wenn die Beobachtung anders ausfallen würde.

Es bleiben allerdings trotzdem noch Fragen, auf die es Einstein besonders ankommt, zu klären, so insbesondere die Rede von Bedeutung der Schwerkraft und der Ineinssetzung von Schwerkraft und beschleunigter Bewegung oder mit etwas anderen Worten, von Trägheit und Schwerkraft.

Inwieweit setzen die Experimente von Einstein den starren Körper oder die starren Körper oder die Starrheit von Körpern voraus. Was würden die Überlegungen von Einstein in einer gasförmigen oder flüssigen Welt bedeuten, oder auch, was würden sie in einer absolut starren Welt bedeuten? In welchem Zusammenhang stehen die Überlegungen Einsteins mit dem Unterschied von fest, flüssig, gasförmig? Inwieweit ist für den Unterschied von Bedeutung, ob eine Beobachtung möglich ist oder nicht.

Wenn man schon davon ausgehen muß, daß Einstein für seine Beispiele starre Körper gebraucht, muß man dann noch weitergehen und feststellen, daß er gerade starre Körper gebraucht, wie wir sie kennen. Ich finde im Augenblick nicht das Beispiel des Sternes mit übergroßem Gewicht respektive mit übergroßer Masse, ein Stück von diesem Stern im Aufzuge würde das ganze Beispiel von Einstein verderben. Natürlich tut dies auch schon die Masse des Aufzuges, aber in unvorstellbarem geringem Maße.

[2] Für den Außenbeobachter ist die Bewegung des Aufzuges nicht gleichförmig, sondern beschleunigt, was er dem Schwerefeld der Erde zuschreibt.

Eine Generation von Physikern, die in dem Aufzugskasten geboren und groß geworden wären, würde jedoch zu ganz anderen Resultaten gelangen usw.

Wir fragen uns, welche Überzeugungskraft diesem angenommenen Beispiel beiwohnt und weiter, was vielleicht der geheime Grund für die Einführung dieses Beispiels ist.

Wir verweisen auf unsere Ausführungen über die deutliche Wahrnehmung. Wir wiederholen: Die deutliche Wahrnehmung ist Wahrnehmung in der Nähe. Sie ist am einfachsten zu verfolgen bei dem starren Wozuding und seiner Umgebung. Man kann sie aber auch ähnlich feststellen bei den Körpern der lebenden Wesen, bei dem Auswas des Wozudinges und dem Auswas der Körper der Lebewesen. Untrennbar verbunden mit dieser Wahrnehmung ist die Auffassung, ist ferner die Zugehörigkeit sämtlicher Gebilde zu etwas wie Raum und Zeit, und zwar zu Raum und Zeit im Konkreten. Nach unserer Auffassung ist dieser Raum und diese konkrete Zeit das Urbild von Raum und Zeit, auf welches sämtliche Auffassungen über Raum und Zeit zurückgehen. Wir haben insbesondere hervorgehoben das Alter, in welchem diese Gebilde auftauchen und welches wieder verschiedene Nuancen hat bei Wozudingen, bei Menschen, bei Tieren, bei Pflanzen und bei anderen Gebilden.

Dies Feld der Wahrnehmung in der Nähe erweitert sich dann irgendwie zur Erde und vielleicht von der Erde auf eigenartige Weise zu Himmel und Erde oder zur Welt, schließlich auch zur Welt im naturwissenschaftlichem Sinne. Von diesen Überlegungen gebrauchen wir nur einen Teil, um Stellung zu nehmen zu Einsteins Überlegung. Wenn wir im Anfang dieses Kapitels gefragt hatten, welchen Sinn es hat, bei diesen Experimenten Wissen und Erinnerung auszuschalten, so können wir uns jetzt schärfer fassen. Wir geben die undeutliche Ausdrucksweise von Wissen und Erinnerung auf und gleichzeitig lehnen wir die eng damit verbundene Vereinzelung der Gegenstände, also etwa des Aufzuges und der darin befindlichen einzelnen Gegenstände, ab. Wir gehen jetzt vielmehr davon aus, daß jeder einzelne Gegenstand und damit auch der Aufzug stets in den jeweiligen Verbindungen mit seiner Umgebung und abstrakt, ausgedrückt, mit Vergangenheit und Zukunft steht. Besser reden wir hier allerdings davon, daß er über sein Alter, in welchem er auftaucht, verbunden ist mit seiner Entstehung und seinem Schicksal zwischen Entstehung und dem Tage des Experiments und auch wieder mit seinen Vorgängern bis zum ersten Aufzug. Diese Verbindungen sind nicht gewußt oder erinnert, sondern sie tauchen, etwas übertrieben, leibhaftig auf. So merke ich etwa, ob ich in einem alten Aufzug fahre oder in einem nagelneuen Aufzug. Jeder Aufzug hat tausend Bestimmtheiten dieser Art. Ich erinnere etwa an mein Beispiel von dem Sprung in der Tasse.

Mit diesen Überlegungen wollen wir nicht nur die Vereinzelung des Aufzuges, die Umwandlung des Aufzuges nach Raum und Zeit zu einem räumlichen und zeitlichen Einzelgebilde aufheben, sondern zugleich seinem Zusammenhang im Ganzen klar machen. Es ist dabei gleichgültig, ob sich das Einzelding bewegt oder nicht bewegt. Dieser Zusammenhang nach vielen Richtungen, von denen wir hier sprechen, ist auch bei dem bewegten Gegenstand, ist auch bei dem Aufzug vorhanden.

Hiernach ist die Unterscheidung oder Trennung des Aufzuges nach Innenbeobachter und Außenbeobachter schon ein gewagtes Unternehmen, insbesondere ist die Annahme einer Generation von Physikern, die in dem Aufzugskasten geboren und groß geworden wären, eine Flucht aus der Welt, aus unserer Welt mit dem Zweck, die Isolierung des Aufzugskasten für den Innenbeobachter durchzuführen. Die Sache liegt nicht so, daß dies Beispiel unglücklich gewählt wäre, sondern dies Beispiel mußte gewählt werden, um den Konsequenzen, wie wir sie vortragen, zu entgehen, Konsequenzen, die auf der Hand liegen und die Einstein wohl auch fühlt, die aber noch nirgends und niemals scharf zusammengefaßt sind.

Einstein gibt sich mit der Isolierung des Aufzugskastens und mit der Trennung des Aufzugskastens von seiner Vergangenheit nicht zufrieden, sondern S. 146 spricht er von zwei verschiedenen Systemen und kommt dann zu der Äquivalenz von schwerer und träger Masse. Nach unserer Meinung kann man nur mit größter Vorsicht von zwei verschiedenen Systemen bei dem Beispiel vom Aufzug reden. Es handelt sich immer nur um ein System mit einer eingebauten kleinen Sonderheit. Der Außenbeobachter nimmt das System wahr, wenn man hier überhaupt von System reden will. Der Innenbeobachter nimmt sozusagen nur ein Zimmer oder einen Kasten innerhalb dieses Systems wahr, welche sich von dem System getrennt haben und sich wieder mit dem System vereinigen werden. Dies kann man sich sehr schön anschaulich machen über die Wozudinglichkeit des Aufzuges oder der Eisenbahn oder des Dampfers oder des Hauses. Damit wollen wir nicht sagen, daß hier nicht noch genügend schwierige und interessante Fragen auftauchen. Man könnte z.B. versuchen, zwei voneinander vollständig unabhängige Systeme zu bilden oder jedenfalls zwei Systeme, die nicht so abhängig voneinander sind, wie wir es oben zu schildern versucht haben, und dann untersuchen, ob man hinsichtlich dieser Systeme solche Fragen aufwerfen kann, wie Einstein versucht. Ich bezweifle, ob dies möglich ist. Soviel ich sehe, gebraucht Einstein diese Verbindung von Aufzug und Erde, wenn ich kurz so sagen darf, um das zu zeigen, worauf er hinaus will, diese Verbindung, daß kurz gesagt der Aufzug ein Stück Erde ist und aus Erde ist und in dieser Beziehung zur Erde steht, die wir unter vielen Gesichtspunkten, insbesondere unter dem Geschichtspunkt der Wozudinglichkeit geprüft haben. Die scheinbare Selbstständigkeit gegenüber dieser Erde ist nur die Selbstständigkeit, die allen Wozudingen mehr oder minder eigen ist.

Zu den Eigenheiten des Wozudinges oder des Auswas des Wozudinges gehört die Schwere oder, etwas umständlicher ausgedrückt, ein Verhältnis zur Schwerkraft. Die Schwere findet unter anderem Ausdruck im Fall des Körpers. Man könnte nun dem Beispiel von Einstein die Überschrift geben: Mehr als fallen kann ein Körper nicht, d.h. der Körper, der schon mit dem Aufzug fällt, behält im Verhältnis zum Aufzug seine Lage, auch wenn er seine Stütze verliert. Für den, der die Fallgesetze kennt, ist das Verhalten von Aufzug, Uhr und Taschentuch selbstverständlich. Eine andere Frage ist, kann man sich jemanden denken, für den die Verhalten nicht selbstverständlich wäre? Sicher kann man das. So wird die wissenschaftliche Selbstverständlichkeit, daß Uhr und seidenes Taschentuch gleich schnell fallen, erst im Laufe von Jahrtausenden zu dieser Selbstverständlichkeit. So wird das auch mit anderen Einsichten in Fall und Fallgeschwindigkeit sich verhalten.

Nun ist der Übergang bei den Fallgesetzen von mit Luft angefülltem Raum zum luftleeren Raum ein anderer als der Übergang vom inneren Beobachter zum äußeren Beobachter bei dem fallenden Aufzug oder besser, bei dem im Aufzug seiner Stütze beraubten und im Verhältnis zum Aufzug nicht fallenden Ding. Man könnte sich ebensogut denken, was soll das heißen, daß im fallenden Aufzug auch die Uhr noch wieder fiele bis sie etwa auf dem Boden des Aufzuges angelangt wäre. Man könnte die Frage stellen, welche Kenntnisse sind nötig, um zu verstehen, daß im fallenden Aufzug die Uhr nicht fällt. Man könnte etwa den äußeren und inneren Beobachter fragen, was sie genau gesehen hätten. Bei entsprechender Anordnung des Versuches würde der äußere Beobachter beschwören, er habe gesehen wie die Uhr fiele, während der innere Beobachter schwören würde, daß er zur selben Zeit gesehen habe, daß die Uhr sich in Ruhe befinde. Wenn man dann die Fragen allerdings genau stellen würde, würde wohl herauskommen, daß die Beobachtungen in ganz verschiedenem Zusammenhang erfolgten. Der äußere Beobachter hat etwa die Uhr auf dem Hintergrund der Umgebung des Aufzuges gesehen. Im Verhältnis zu dieser Umgebung fiel die Uhr. Der Innere Beobachter hat die Uhr vor einer undurchsichtigen Wand des Aufzuges gesehen. Im

Verhältnis zu dieser Wand stand die Uhr. Wir müssen also das Beispiel schon so nehmen, daß zwei gegenüberliegende Seiten des Aufzuges aus Glas bestehen. Durch dies Glas beobachtet der äussere Beobachter die Uhr, während die beiden anderen Wände undurchsichtig sind. Auf dem Hintergrund einer undurchsichtigen Wand beobachtet der innere Beobachter die Uhr. Wahrnehmungsmässig handelt es sich um zwei verschiedene Beobachtungen. Man braucht nur die Beobachter auszutauschen, dann werden sie zu denselben umgekehrten Ergebnissen kommen und sie werden sich fragen, wie ist das möglich. Es sind vielleicht verschiedene Antworten darauf möglich. Eine Antwort wird sein, daß sie die Uhr in verschiedenen Wahrnehmungen gesehen haben, wenn zur Wahrnehmung des einzelnen Gegenstandes die Wahrnehmung der Umgebung gehört, und wenn man berücksichtigt, daß die Wahrnehmung des einzelnen Gegenstandes sich vielleicht mit der Wahrnehmung der Umgebung ändert, hauptsächlich, wenn es sich um den Unterschied zwischen Ruhe und Bewegung handelt. Das weiß heute jedes Kind vom Eisenbahnfahren in den verschiedensten Kombinationen. Beim Eisenbahnfahren wird auch jeder bereit sein, zuzugestehen, daß, wenn die Eisenbahnhalle sich bewegt, dies eine Illusion sein muß.

Allerdings ist das Beispiel vom fallenden Aufzug noch bei weitem lehrreicher. Nicht nur fällt die Uhr nicht. Ein umgestoßener Wassereimer läuft nicht leer. Es gibt kein Oben und Unten. Ein Ball, den ich nach unten werfe, fällt nicht schneller als ein Ball, den ich nach oben werfe. All diese Unterschiede zwischen denn Verhalten der Körper im fallenden Aufzug und dem Verhalten auf der Erde müssen untersucht und geklärt werden. Voraussetzung ist dabei aber, soviel wir sehen, die Einheit von Aufzug und der umgebenden Erde die vielleicht sogar im Fall des Aufzuges besonders klar in Erscheinung tritt. Der fallende Aufzug ist mit der Erde zusammen ein Ganzes.

KAPITEL VII

DIE UHR

„Was ist eine Uhr? Der primitive subjektive Zeitsinn ermöglicht uns die Ordnung unserer Eindrücke, so daß wir sagen können, dieses habe früher, jenes dagegen später stattgefunden. Um die Ausdehnung eines zwischen zwei Ereignissen liegenden Intervalls jedoch mit, sagen wir, zehn Sekunden bestimmen zu können, bedarf es einer Uhr. Die Zeitmessung mittels einer Uhr bringt eine Objektivierung des Zeitbegriffs mit sich."

[1] Die vorstehende Stelle ist ALBERT EINSTEIN und LEOPOLD INFELD, *Die Evolution der Physik*, S. 122 entnommen. Wir bitten den Leser, bei Einstein das Vorhergehende und das Folgende zu studieren.

Wir setzen uns nun mit Einstein auseinander. Wir haben gegen jeden Satz, und auch wohl gegen jedes Wort, sowie es im Satze gebraucht wird, gewisse Bedenken.

Was sind zunächst zwei Ereignisse mit einem dazwischen liegenden Intervall und was ist der primitive, subjektive Zeitsinn, der uns die Ordnung unserer Eindrücke nach früher oder später ermöglicht? Wir wollen nicht im einzelnen mit Einstein über diese Begriffe rechten, sondern von uns aus versuchen, den von Einstein verwandten Ausdrücken so nahe wie möglich zu kommen, und dabei im Auge behalten, ob die Konsequenzen, die Einstein zieht, sich wohl halten lassen.

Wir können nach unserer Grundauffassung nicht von zwei Ereignissen ausgehen, sondern wir müssen diese Ereignisse in eine Beziehung zueinander bringen, um auf ein früheres oder späteres Stattfinden zu kommen. Die Sachlage ist einfach, wenn es sich um eine Person handelt. Einstein geht bei seinen Ausführungen wohl von einer Person aus. Er setzt dann Eindrücke und Ereignisse in nahe Beziehung. Den Ereignissen sollen offenbar Eindrücke entsprechen. Dies können wir nicht mitmachen. Wir finden in erster Linie Geschichten vor und den in Geschichten Verstrickten und die Wozudinge und das Auswas der Wozudinge und all das andere, wie wir das bislang behandelt haben. Das Umfassendste, was wir vorfinden, ist die Allheit der Geschichten und die Welt, welche beide im engsten Zusammenhang miteinander stehen. Für Welt können wir vielleicht auch Universum sagen.

In diesem Zusammenhang muß auch Zeit untergebracht werden und müssen auch die Ereignisse untergebracht werden. Es gibt nur diesen einen konkreten Zusammenhang. Die Frage ist nur, wie weit muß man auf diesen Zusammenhang eingehen, um aufzuklären, was Ereignisse sind, was Zeit und Zeitmessung ist und was die anderen Ausdrücke, deren Einstein sich bedient, bedeuten. Wir sehen an dieser Stelle davon ab, mehr aufzuklären, als unbedingt notwendig ist. Wir meinen dann, daß zwischen den zwei Ereignissen ein gewisser Zusammenhang bestehen muß, und zwar sagen wir zunächst, ein sachlicher Zusammenhang, um vom Früher oder Später reden zu können. Dieser sachliche Zusammenhang kann gewährleistet sein durch die Zugehörigkeit der beiden Ereignisse zu einer Welt oder zu der einen Welt, wenn es nur eine Welt gibt. Soweit die beiden Ereignisse im Umkreise eines Individuums stattfinden, wird der sachliche Zusammenhang wohl stets vorliegen. Man muß allerdings dabei berücksichtigen, daß die Ereignisse selbst in ihrem engsten Bezirk wieder ein Vorher und Nachher haben oder haben können und daß das Früher oder Später bei den Ereignissen in eine Gleichzeitigkeit ausmünden kann, wenn man den ganzen Verlauf berücksichtigt.

Mit solchen Überlegungen tritt nun etwas wie Zeit in den Blickpunkt, aber nie als Abstraktum, auch nicht als objektiver Zeitbegriff, sondern als konkretes Moment in Zusammenhängen der Geschichten. Dies selbe Zeitmoment tritt nun in verschiedenen Ausprägungen, von denen aus Früher oder Später nur eine ist, zutage. Damit offenbart sich gleichzeitig eine gewisse Verwandtschaft zwischen der konkreten Zeit und dem konkreten Raum.

Mit dem Früher und Später von zwei Ereignissen eng verknüpft ist die Dauer der Zwischenzeit. Einstein nimmt als Beispiel 10 Sekunden.

Diese Zwischenzeit ist aber keineswegs gleichbedeutend mit leerer Zeit, sondern sie ist ausgefüllt mit Welt, wenn wir so sagen dürfen, oder mit dem, was die Ereignisse verbindet. Dabei ist zu berücksichtigen, daß wir hier in erster Linie Ereignisse in der äußeren Welt im Auge haben. Wir müssen aber die Beispiele ausdehnen auf das, was man üblicherweise Innenwelt nennt, z.B. auf zwei Schmerzanfälle. Man kann die Beispiele von den Ereignissen auch so nehmen, daß nur ein äußerst loser Zusammenhang zwischen beiden besteht und es keinen Sinn hat, von einem Früher oder Später zu reden, z.B. kann man einen Satz bilden, daß man sich zwei Stunden nach Ausbruch der

Revolution in Rußland habe die Haare schneiden lassen. Wer viele solche Sätze bildet kommt ins Irrenhaus.

[2] Wir versuchen nun eine vorläufige Übersicht zu geben, wie etwas wie Zeit innerhalb der Welt als Moment in Geschichten auftritt.

Am unmittelbarsten tritt uns dann vielleicht etwas wie Zeit im „Alter" entgegen. Man könnte natürlich auch sagen: tritt uns Zeit entgegen, wenn wir den Sekundenzeiger einer Uhr betrachten. Wir gehen auf dies Gegenbeispiel nicht ein, bitten aber den Leser, gelegentlich dies Gegenbeispiel heranzuziehen.

Wir finden das Alter vor bei Wozudingen, bei den Menschen, den Tieren, den Pflanzen, ferner in der sogenannten unbelebten Natur und schließlich in der Welt.

Wir beginnen absichtlich mit den Wozudingen, weil hier die Beziehung zur Zeit am einfachsten aufzuweisen ist. Jedes Wozuding hat eine doppelte Beziehung zur Zeit. Insofern, als es von Menschenhand geschaffen ist, verweist es auf Geschichten. Ohne diesen Zusammenhang mit Geschichten ist kein Wozuding jemals geschaffen. Wir gehen hier nicht darauf ein, ob dies ein Satz apriori ist oder wie sein Verhältnis zum Satz apriori ist. Dieser Satz bezieht sich zunächst auf das einzelne Wozuding. Er ist aber ebenso richtig auch für das serienmässig hergestellte Wozuding. Man kann ungefähr angeben, wann das Wozuding entstanden ist, wie es vorbereitet ist, wo der Stoff herkommt, aus dem es bereitet wurde und was das Wozuding seit seiner Fertigstellung bis gestern und heute alles mitgemacht hat, vom Blechschaden bis zur vollständigen Verwüstung mit den dazugehörenden Prozessen. Man erinnert sich etwa an den Satz: Wenn das Auto reden könnte.

Mit diesem Alter des Wozudinges steht wieder in nahem Zusammenhang die Reihe seiner Vorgänger und das Individualalter seiner Vorgänger bis zum ersten Wozuding der Reihe, etwa bis zum ersten Kraftwagen. Wir reden natürlich nicht von Gattung, sondern von Reihe und überlassen die weitere Verfolgung dieser Reihe über den Wagen Platos mit seinen hundert Teilen bis zum Baumstammwagen, wie wir sie noch heute in Aserbeidschan finden, dem Leser. Jedes dieser Wozudinge hat ein Alter. Es steht auch mit seinem Alter in Zusammenhang mit den anderen Wozudingen, und zwar in unmittelbarem Zusammenhang insofern, als es eine zeitliche Stelle, wenn wir so sagen dürfen, im Zusammenhang dieser Wozudinge einnimmt.

Das Wozuding steht dann wieder in Zusammenhang mit der Welt oder mit seiner Welt, und zwar in einem Alterszusammenhang. Wir können auch sagen, daß mit dem einzelnen Wozuding und mit den

Reihen der Wozudinge stets etwas wie Welt aufleuchtet, und zwar zugleich mit Geschichten. Wie wir dies meinen oder sehen, können wir vielleicht am schnellsten klarmachen über Einzelfunde aus der Steinzeit oder aus der Bronzezeit, wie hier mit einem einzelnen Gerät eine ganze Kultur mit Welt auftaucht. Man darf nicht einwenden, daß dies Auftauchen nur erfolgt aufgrund von langwierigen Studien, denn die Ergebnisse dieser Studien liegen vom ersten Auftreten an im Horizont.

Es liegt nahe mit diesem Alter der Wozudinge das Alter von natürlichen Dingen etwa vom Kieselstein, von Felsblöcken, – wir denken dabei etwa an die Bühlerhöhe –, von Findlingssteinen zu vergleichen. Es ist oft nur ein kleiner Schritt von diesen Gebilden und von Gebilden dieser Art zum Wozuding, vielleicht auch zum negativen Wozuding oder zum möglichen Wozuding oder zum künftigen Wozuding. Wir beschränken uns darauf, diese Zusammenhänge anzudeuten und halten zunächst nur fest: das Alter der Wozudinge von der Entstehung bis zur Vernichtung und den Zusammenhang der Wozudinge untereinander über Vorher und Nachher und den Zusammenhang der Wozudinge mit den Geschichten und mit den Menschen und mit der Welt, mit einer Welt. An all diesen Zusammenhängen interessiert uns das Zeitmoment. Im Mittelpunkt steht dabei das Alter im Bereich der Wozudinglichkeit. Wir halten insbesondere fest, daß mit dem Wozuding eine bestimmte Art des Alters in untrennbarem Zusammenhang mit dem Wozuding auftritt.

Wenn wir bei unserer Untersuchung des Alters mit dem Wozuding beginnen, so soll damit nicht gesagt sein, daß uns hier das Alter am ursprünglichsten entgegentritt. Vielleicht muß man in den Mittelpunkt stellen die Rede vom Alter hinsichtlich des Menschen. Man könnte dies etwa damit begründen, daß der Mensch doch ursprünglicher sei als das Wozuding. Das möchten wir aber nicht ohne weiteres sagen. Jedenfalls trägt der Mensch, wo und wie er uns auch begegnet, sein Alter mit sich. Diese Bedeutung des Alters ergibt sich auch schon aus dem zahlreichen Bezeichnungen für den Menschen, die in erster Linie auf das Alter hinweisen wie etwa: Säugling, Püppchen, Kind, Kleinkind, Knabe, Mädchen, Jüngling, Mann, Frau, Greis, Greisin und viele andere Ausdrücke, die auch Bezug haben auf das Alter, wie Vater, Mutter, Großvater, Großmutter, Sohn, Tochter und alle Verwandtschaftsausdrücke, die auch wieder irgendwie Bezug auf das Alter haben. Die Entwicklung des Menschen mag etwa bis zum dreißigsten Lebensjahr von Stufe zu Stufe erfolgen, dann mag eine gewisse Stetigkeit einsetzen, bis im Alter der Verfall eintritt. Dies Alter durchtränkt jederzeit den ganzen Menschen. Der Mensch ist durch und durch zehn Jahre alt, zwanzig Jahre alt, siebzig Jahre alt. Dabei gibt es eigenartige Kombinationen von jung und alt sein.

Dies Alter des Menschen tritt uns an uns selbst entgegen, aber vielleicht noch offensichtlicher bei den Fremden oder bei dem Anderen. Es tritt uns mit einer gewissen Offensichtlichkeit bei dem Leibe entgegen. Bei dem Kinde können wir ungefähr das Jahr angeben, bei den Älteren das Jahrfünft oder das Jahrzehnt, und zwar schon aufgrund der Erscheinung des Leibes. Dieses hängt aber wieder eng zusammen mit den Geschichten. Das Alter ist nicht etwas den Menschen Äußerliches, sondern es ist ausgefüllt von Geschichten, die wieder Beziehungen aufweisen zu dem Beruf und zu der Umgebung. Das Alter beginnt mit einer Hilflosigkeit und einem Hineinwachsen in die Gemeinschaft und in die Kultur. Dabei wirken die verschiedenen Lebensalter nach ihrer Eigenart aufeinander. Die Alten wirken über ihren Tod hinaus und leben noch lange fort in dem was sie erreicht oder geschaffen haben oder nicht geschaffen haben. Vielleicht kann man ähnlich sagen, daß die Lebenden ihren Fuß in Zeiten haben, die schon längst vergangen sind. Es ist nur eine halbe Wahrheit, daß das Alter mit der Geburt beginnt und mit dem Tode endigt. Man hat dabei vergessen, daß es etwas wie Vererbung und Erbschaft gibt in nächster Verbindung mit dem Alter. Damit kommen wir auf das Eingeflochtensein des Einzelnen in etwas wie All der Geschichten oder wie Welt. Damit taucht dann gleichzeitig die Frage auf nach der Beziehung zwischen Welt, Geschichten und Alter oder mit einer leichten Modifikation zwischen Alter des Menschen und Alter der Welt.

Bevor wir diese Frage weiter verfolgen, sehen wir uns noch um, wo uns sonst noch etwas wie Alter begegnet. In engster Beziehung zum Alter des Menschen steht das Alter der Tiere. Wir sagen nur nebenbei, daß wir den Ausdruck der Tiere ungern verwenden. Der Ausdruck stammt wohl aus einer hochmütigen Zeit der Menschheit. Im übrigen paßt auf das Alter der Tiere sehr viel von dem, was wir über das Alter des Menschen feststellen konnten, insbesondere formen einzelne Lebensalter sich ähnlich wie beim Menschen. Es gibt ein Mutter-Kind-Verhältnis. Will man etwa ein Schaf mit einem Lämmchen umweiden, d.h. von einer Weide in die andere bringen und macht man das so, daß ein Mann das Schaf am Strick führt und der zweite das Lämmchen auf den Arm nimmt und hinterher geht, so lässt sich das Mutterschaf mit dem Strick eher erdrosseln, ehe es einen Schritt in Richtung der neuen Weide macht, solange der Mann mit dem Lämmchen hinter dem Schaf herläuft, während das Mutterschaf ohne Umstände mitläuft, wenn der Mann mit dem Lämmchen voran geht.

Wieder im verwandten Sinne spricht man noch vom Alter bei den Pflanzen, insbesondere auch bei den Bäumen. Welche Beziehung allerdings zwischen diesem Alter der Bäume und dem Alter des Menschen bestehen, abgesehen von den mehr äußerlichen, leiblichen Erscheinungen, das bedürfte noch einer genauen Untersuchung.

Wenn wir bei Mensch, Tier und Pflanze von Alter reden, so tritt damit zugleich Jahr und Tag und vielleicht auch Monat und in einem anderen Zusammenhang ein Datum in den Gesichtskreis. Diese Ausdrücke sind wieder unmittelbar auf die Sonne oder auch auf den Mond bezogen und weisen damit über sie hinaus auf Welt. Dieser Hinweis auf Welt ist je nach der Stellung, die Sonne und Mond in der Auffassung der Welt in den verschiedenen Zeiten einnehmen, verschieden. Entsprechend mag auch der Sinn des Alters in den verschiedenen Perioden der Menschheit wechseln. Es bleibt aber, daß Mensch, Tier und Pflanze irgendwie im nächsten Zusammenhang mit dem, was man zunächst unwissenschaftlich Natur nennen könnte, stehen. Der Wechsel innerhalb der Jahreszeiten, Frühling, Sommer, Herbst und Winter bildet einen Teil vom Menschen. Diese Teilhabe wird angesprochen, wenn wir von den Lebensjahren des Menschen reden. Ähnlich bedeutsam ist der Unterschied von Tag und Nacht, von Schlafen und Wachen und vieles andere, was mit der Sonne zusammenhängt. Obwohl wir nicht genau wissen, was eine Uhr ist, können wir doch jetzt schon sagen, dass über den Zusammenhang mit der Sonne Jahr und Tag mehr sind als der Abschnitt einer Uhr. Wir vergessen dabei nicht, daß Jahr und Tag an den verschiedenen Stellen auf der Erde verschiedene Bedeutungen haben. Uns kommt es auf die Stellen an, wo Jahr und Tag diese Bedeutung haben.

Da, wo dieser Zusammenhang besteht, ist der Mensch über Jahr und Tag in einen Zusammenhang eingereiht, der einen großen Teil der Bedeutung von Jahr und Tag ausmacht und den man unterschlägt, wenn man dabei nur an die Uhr denkt. Der Mensch wird nicht alt gemäß der Uhr, sondern er wird alt im Wechsel von Tag und Nacht, von Sommer und Winter oder von Trockenzeit und Regenzeit. Das alles bildet eine Einheit. Nach diesen Überlegungen kommen wir nun auf die Uhr zurück, auf die Frage, was ist eine Uhr.

[3] Die Uhr ist zunächst ein Wozuding. Das ist wichtig genug. Damit kommen wir aber zunächst nicht viel weiter. Wir versuchen es

mit einer Einordnung der Uhr in die Fülle der Wozudinge und prüfen die Frage, ob die Uhr den Charakter eines Modells hat und wie weit wir damit kommen.

Schon die Frage, was ein Modell ist, ist nicht eindeutig. Wir denken dabei zunächst etwa an ein Spielzeugmodell. Das Modell hat ein Verhältnis zum Original. Das Original kann nach alter Sprechweise etwa eine Gattung sein, z.B. ein Haus oder ein Dampfer, das Original kann aber auch ein bestimmter individueller Raum oder Gebäude oder ein entsprechender Dampfer sein, etwa der Kölner Dom oder der Dampfer „Deutschland". Der Hauptunterschied zwischen Modell und Original scheint zunächst in der Größe zu bestehen. Das Modell ist kleiner als das Original. Es kann allerdings auch größer sein, wie das etwa beim Modell eines Atoms der Fall sein mag. Von einem Original kann es viele Modelle geben, die untereinander nicht gleich zu sein brauchen. Im Hintergrund von jedem Modell steht aber das Original. Ohne dies Original verliert das Modell seinen Charakter als Modell. Dabei taucht die Frage auf, ob es etwa abgesehen von seinem Modellcharakter noch einen besonderen Charakter haben kann, vielleicht auch eine gewisse Selbständigkeit gegenüber dem Original.

Wenn wir die Uhr als Modell unterbringen wollen, müssen wir die vorstehenden Überlegungen wahrscheinlich noch verfeinern und vervollständigen. Wir probieren zunächst einmal, wie weit wir hiermit kommen.

Wir möchten zunächst annehmen, daß jede Uhr als Modell bezogen ist auf das Verhältnis Sonne-Erde, so daß dies Verhältnis gleichsam das Original bildet.

Damit taucht zugleich die Frage auf, was von dem Verhältnis Sonne-Erde, und was von Sonne und Erde zum Charakter oder Wesen der Originaluhr gehört. Die eine Beziehung, daß wir unsere Uhr „jederzeit" nach der Originaluhr stellen können, wie dies der Kapitän täglich mit seinem Chronometer macht, ist schon schwierig genug. Beim Vergleich der Uhr mit der Originaluhr müssen bekanntlich viele Umstände berücksichtigt werden.

Die Uhr „Sonne-Erde" hat wieder ein Verhältnis zu den Geschichten. Nur über Geschichten erhalten wir Zugang zu einer bestimmten Stellung der Originaluhr und damit auch zu einem Vorher und Nachher. Was soll das heißen? Jede Stellung der Originaluhr entspricht einem Datum. Aber wie ist das Verhältnis des Datums Christi Geburt zu einer Stellung der Originaluhr? Das Datum Christi Geburt ist das Ursprüngliche. Seit diesem Datum gibt es 1964 Umdrehungen der Sonne bis heute.

Es bedürfte nun einer besonderen Untersuchung, wenn man feststellen wollte, was alles von diesem Charakter der Uhr Sonne-Erde in die Modelluhr hineingeht, oder auf was alles sich die Modelluhr bezieht. Dabei mag es nicht nötig sein, daß die Beziehung zur Originaluhr ständig in vollem Umfange gegenwärtig ist, sie liegt aber stets im Horizont. Damit ist durchaus verträglich, daß die Modelluhr eine gewisse Selbständigkeit hat, wie sie etwa vorliegt im Verhältnis eines Modellbootes zu einem Dampfer, wenn z.B. das Modellboot sich selbständig bewegen kann, etwa mit Hilfe kleinster Maschinen oder mit Federn. Dabei wird aber der Unterschied von Modelluhr und der Uhr Sonne-Erde wohl insoweit stets der wesentliche Unterschied zwischen Modell und Original sein, daß die Originaluhr für undenkliche Zeiten nicht aufgezogen zu werden braucht, allerdings auch nicht aufgezogen werden kann.

Ich habe nun vergeblich festzustellen versucht, wie weit Einstein diesen Charakter der Uhr als Modell berücksichtigt, insbesondere, wenn es sich um eine Mehrheit von Uhren handelt.

Ich nehme insbesondere Bezug auf Evolution Seite 124 ff. Was ändert sich an den Überlegungen Einsteins, wenn er die Uhr als Modell auffaßt, und dementsprechend bei jeder Uhr im Hintergrund die Sonne, Erde sieht? Man kann die Frage auch so ausdrücken: Welchen Sinn hat es, die einzelne Uhr als Modell so zu verselbständigen gegenüber der Originaluhr, wie Einstein dies versucht. Könnte man z.B. auch sagen: Auf solche Experimente, wie Einstein sie vornimmt, ist die Uhr als Modell und vielleicht auch darüber hinaus als Wozuding nicht eingerichtet. Die Erscheinungen, die nach Ansicht Einsteins hier auftreten, stehen in keinem Zusammenhang mehr mit der Uhr als Wozuding und mit der Uhr als Modell.

[4] Wenn wir so vom Modell Uhr zur Originaluhr Sonne–Erde vorgedrungen sind, oder das Modell soweit zurückverfolgt haben, so ist das nur ein Anfang. Wir dürfen bei der Originaluhr nicht stehenbleiben als zwei Körpern, die umeinander kreisen, sei es, daß die Sonne um die Erde kreist oder die Erde um die Sonne, sondern zu dem Charakter dieser Originaluhr gehört, um es zunächst kurz auszudrücken, eine Welt. Die Originaluhr ist eingebettet in eine Welt oder die Welt taucht mit der Originaluhr auf. Ohne diese Welt kann die Originaluhr nicht auftauchen. Dies kann man von den verschiedensten Seiten her aufzuweisen versuchen. Wir wissen, daß die Sonne acht Lichtminuten von der Erde entfernt ist. Man könnte denken, daß die wahre Sonne erst auftaucht nach Überwindung dieser acht Licht-

minuten, also in einer Entfernung, die eine deutliche Wahrnehmung ermöglicht. Diese Ansicht trifft aber nicht zu, soweit die Sonne zur Originaluhr gehört, gleichsam einen Bestandteil dieser Originaluhr bildet. In diesem Zusammenhang muß sie gerade acht Lichtminuten von der Erde entfernt sein, es dürfen auch keine fünf Lichtminuten sein und auch nicht zehn Lichtminuten. Ich möchte fast sagen, daß die Sonne auch nicht als dreidimensionaler Körper, oder wie man das sonst ausdrücken will, zu dieser Originaluhr gehört. Sondern: zu dieser Originaluhr gehört die Sonne, wie sie schon lange vor Homer den Menschen schien und wie sie noch lange nach Einstein den Menschen scheinen wird. In unseren Breiten gehört dazu die Sonne, die im Winter einen kleinen Bogen macht und im Sommer den hohen Bogen, oder, wie man auch sagen kann, gehört dazu die Sonne mit all den verschiedenen Bogen vom tiefsten Winter bis zum höchsten Sommer und schließlich auch die Äquatorsonne in ihrem Verlauf und irgendwie sogar noch die Nordpolsonne. Diese allein würde allerdings wohl kaum zu einer Originaluhr führen.

Für das Verhältnis Modelluhr–Originaluhr käme es nicht darauf an, daß die Originaluhr sich so verschieden nach Jahreszeit und Breite und vielleicht noch nach anderen Zusammenhängen präsentiert. Es lohnt sich allerdings wohl, darüber nachzudenken, inwieweit oder warum dies gleichgültig ist. Vielleicht genügt der Hinweis, daß wir unser Uhrmodell an den verschiedensten Orten der Erde, wenn auch nicht gerade am Nordpol oder Südpol, in Übereinstimmung bringen können und halten können mit der Originaluhr.

Die Originaluhr entfaltet aber erst ihre volle Bedeutung im Zusammenhang mit der Geschichtenwelt, im Zusammenhang mit Frühling, Sommer, Herbst und Winter, mit den Jahresringen der Bäume, mit dem Alter von Mensch und Tier und Pflanze, mit dem Wechsel der Jahreszeiten, mit dem Licht, welches von der Sonne ausgeht, mit der Wärme der Sonne, mit dem Verhältnis der Sonne zum Mond und zu den Sternen. So könnten wir seitenweise weiterschreiben über den Sinn, in welchem die Originaluhr jederzeit verwoben ist und wir könnten auch wohl nachweisen, daß ohne diesen Sinn keine Rede von Originaluhr sein könnte. Wir könnten dabei auf viele Merkwürdigkeiten zu sprechen kommen, besonders interessant scheint uns zunächst zu sein, daß in diesem Zusammenhang unserer lieben Frau Sonne, welche kleiner erscheint als ein Wagenrad und welche sich nur entfernt mit anderen irdischen Gegenständen vergleichen läßt, in ihrer Entfernung von acht Lichtminuten von der Erde ein eigenartiges

Dasein zukommt, welches sich weder mit dem Dasein des Mondes noch mit dem Dasein der Sterne, noch mit dem Dasein der irdischen Gegenstände vergleichen läßt, welches aber doch über Licht und Wärme in tausend irdische und menschliche Bezirke eingreift, ohne daß wir zunächst sagen können, wie weit Licht und Wärme und Sonne untereinander zusammenhängen.

Von der Originaluhr Sonne–Erde kommen wir so auf geradem Wege in die Fülle des menschlichen Daseins. Wir meinen nicht etwa, daß die Originaluhr in diesem Dasein oder in dieser Welt etwas wie Zeit mißt, sondern diese Originaluhr ist nur ein Moment in dieser Welt. Dabei lassen wir noch völlig dahingestellt, ob dies Moment eine Beziehung zu dem Begriff Zeit der Philosophen hat und welcher Art diese Beziehung sein mag. Wir stellen nur fest, daß es Millionen von Sternenkörpern geben mag, die in einem ähnlichen äußerlichen Verhältnis zueinander stehen wie Sonne und Erde, ohne daß auch nur in einem Fall Veranlassung vorliegt, von einer Originaluhr zu reden. Dies könnte damit zusammenhängen, daß es zu einer Originaluhr gehört, daß Modelluhren vorhanden sind und daß es an Modelluhren, oder sagen wir kurz an Geschichten und Menschen, in jenen Millionen Fällen fehlt.

Solange die Erde Mittelpunkt der Welt oder einer Welt war, und von der Sonne umkreist wurde, d.h. solange man in dieser Anschauung von Welt lebte, lag der Gedanke nahe, die Sonne-Erde Zeit zu identifizieren mit der Welt-Zeit. Solange war auch die Einteilung der Zeit in Jahre und Tage und vielleicht auch in Monate selbstverständlich. So wird im Alten Testament das Lebensalter des Menschen oder das Jahr in eine Beziehung gebracht zu der Zeit Gottes.

[5] Diese Sonne-Erde Zeit steht in unaufhebbarer Beziehung zum Datum, oder was vielleicht dasselbe ist, zu Gegenwart mit Vergangenheit und Zukunft. Diese Beziehung zum Datum und zur Gegenwart läßt sich nur herstellen über Geschichten und über den Menschen. Diese Einheit von Erde, Sonne, Welt, Zeit, Geschichten, Alter des Menschen, Alter der Welt läßt sich höchst interessant in der Genesis verfolgen.

Mit der Änderung des Weltbildes durch die Naturwissenschaft hat auch die Zeitvorstellung einen anderen Sinn erhalten und es ist gar nicht einfach, das Verhältnis der neuen Zeitvorstellung zu der alten Zeitvorstellung festzulegen. Wir wollen den Leser nicht überrumpeln, in dem wir jetzt plötzlich von zwei Zeitvorstellungen reden.

Es ist nämlich fraglich, welche Beziehung die alte Zeitvorstellung mit Jahr und Tag zu der klassischen Zeitvorstellung, die für die ganze Welt gelten sollte, und welche Beziehung wieder diese beiden Zeitvorstellungen zu der neusten Zeitvorstellung Einsteins und seiner Nachfolger haben. Wir wollen nicht behaupten, daß man in diesen drei Bereichen unter Zeit dasselbe versteht oder auch nur annäherungsweise dasselbe versteht. Wir versuchen in diesem Abschnitt nur, über die Uhr einige Schritte in dieses äußerst schwierige Gebiet zu machen. Wenn für unsere Uhr als Wozuding die von uns geschilderte Verbindung mit der Originaluhr Sonne-Erde vorhanden ist, so ergibt sich daraus, daß die Modelluhr in beliebig vielen Exemplaren als Modell nach der Originaluhr abgebildet werden kann. Es besteht auch die Möglichkeit die Modelluhr selbst wieder als Grundlage für weitere Modelle zu gebrauchen. Immer wird aber zwischen Modelluhr und Originaluhr die Beziehung bestehen, daß bei verschiedenem Gang die Originaluhr maßgebend ist. Wenn die Modelluhr eine andere Zeit angibt als die Originaluhr, so geht sie verkehrt. Wie ist es aber, wenn plötzlich alle Modelluhren gleichmäßig anders gehen? Ist das möglich? Was würde es dann bedeuten, wenn die Modelluhren 48 Stunden anzeigen von Sonnenaufgang bis zum nächsten Sonnenaufgang. Diese Angabe einer anderen Zeit kann man auch wieder zergliedern. Man kann etwa unterscheiden die Dauer einer Zwischenspanne zwischen zwei Ereignissen und das Datum, worunter wir ein Ereignis in einer Geschichte im Verhältnis zu der jeweiligen Gegenwart verstehen. Im übrigen kann man wohl den Satz aufstellen, daß zwei Uhren gleichgehen, wenn sie für ein- und dieselbe Dauer zwischen zwei Ereignissen dieselbe Zeit, also etwa einen Tag oder etwa eine Stunde angeben.

Mit einer Erweiterung der Welt in der klassischen Naturwissenschaft konnte es zweifelhaft werden, ob man in diesem Sinne weiter von Zeit sprechen konnte. Hatte es Sinn, auf viele Lichtjahre entfernten Sternen von Jahr und Tag, von Datum und Gegenwart zu sprechen? Dies Problem, wenn es eines ist, ist lange Zeit verdeckt durch die Lehre Kants von der Apriorität der Zeit. Für diese Lehre kommt wenigstens zunächst wohl nur eine einheitliche Weltzeit als Grundlage für die Rede von der Zeit in Frage.

Wir könnten uns vielleicht leichter mit dem Gedanken befreunden, daß auf beliebig vielen Sternen sich ein Leben abspielt wie auf unserer Erde, mit Menschen und Geschichten und mit Sonnen und Monden, und daß es auf diesen Weltgebilden zu ähnlichen Gebilden wie Jahr und Tag kommen möge, wenn wir nicht weiter fragen müßten, welche

Beziehungen zwischen diesen Weltgebilden und unserem Weltgebilde vorhanden sein mögen. Wenn wir dann aber weiter fragen, welche zeitlichen Beziehungen zwischen diesen Weltgebilden bestehen mögen, so möchten wir fast sagen, daß solche Beziehungen nur in Frage kommen könnten, wenn all diese Einzelwelten wieder ähnlich zu einer Gesamtwelt gehörten, wie Sonne und Erde und Mensch zu einer Welt gehören.

Unser Sonnenjahr müßte wieder Anschluß finden an ein Weltjahr, wenn die Rede von einer einheitlichen Zeit für die ganze Welt einen Sinn erhalten sollte. Eine andere Frage wäre vielleicht noch, ob zwei oder mehrere benachbarte Systeme in der Welt zu gewissen Zeitvergleichungen kommen könnten.

Wer aber wie wir nur über Geschichten zum Moment der Zeit kommen kann, der kann von den unbewohnten Sternen höchstens über Zeit reden, sofern diese Sterne Beziehungen zu unseren Geschichten aufweisen.

Wenn wir nun zu unserem eigentlichen Thema zurückkehren, so fragen wir Einstein, ob er berücksichtigt hat, daß jede Wozuding-Uhr nur Modell-Charakter hat, und daß, wenn die Modelluhren in ihrem Gang von einander abweichen, die Originaluhr entscheidet, welche von den Modelluhren recht hat. Wenn man aber Experimente mit den Uhren vornimmt, für die sie nicht gemacht sind, so kann man nicht einmal sagen, daß sie die Zeit verkehrt anzeigen.

Man kann dies auch anders ausdrücken: Einstein müßte schon mehrere Originaluhren verwenden, wenn seine Beweisführung überzeugen soll. Nun läßt sich aber kein Sinn damit verbinden, daß es mehrere Originaluhren wie Sonne und Erde nebeneinander gibt. Jedenfalls scheint es mir, als ob die Gedanken-Experimente, die Einstein vornimmt, mit diesen Originaluhren nicht vorgenommen werden könnten. Auch ein Synchronisieren hätte bei diesen Originaluhren nach Art von Sonne und Erde keinen Sinn.

Die Vorfrage für all diese Fragen wäre aber, wie verhält sich die Welt oder der Weltausschnitt Sonne-Erde zu der Welt im weitesten Sinne, zu der dann alle Sterne gehören würden? Läßt sich diese Welt im weitesten Sinne einfach als eine Vergrößerung unserer Sonne-Erde-Welt auffassen mit Beziehung über Lichtgeschwindigkeit, über Anziehungskraft, oder ist diese Erweiterung ebenso verfehlt, wie die antike Erweiterung der Erde auf Himmel, Erde und Unterwelt, oder ist sie vielleicht noch verfehlter? Wenn unsere Anschauung von Erde und Sonne schon weitgehend auf Geschichten beruht und insbesondere

wieder auf Wozudinglichkeit und Stoff, der nur über Wozudinglichkeit und über Geschichten auftauchen kann, so ist Voraussetzung
für die Erweiterung dieser Welt Sonne-Erde, daß auch die restliche
Welt diese Beziehung zu Wozudinglichkeit und Geschichten annimmt.
Eine solche Umwandlung der restlichen Welt scheint in der Tat vor-
zuliegen. Nur dürfen wir selbstverständlich nicht von Umwandlung
reden. Das klingt so, als ob wir wüßten, was diese Welt ohne diese Umwandlung wäre. Wir wissen dies ebensowenig von der ganzen Welt,
wie wir es von der kleinen Welt Sonne-Erde wissen. Wir können
höchstens einen Schritt weiterkommen mit der Untersuchung der Auffassung, der Vorstellung einer Weltganzheit, in Fortsetzung unserer
kleinen Sonne-Erde-Welt. Wenn wir Ausdrücke wie „Stern", „Feld",
„Anziehungskraft", „Licht", „Lichtgeschwindigkeit", „Raum", „Zeit"
verwenden, so tun wir gut, bei all diesen Ausdrücken das Moment der
Auffassung im Auge zu behalten oder bei all diesen Ausdrücken auf
das, was Husserl Selbstgegebenheit nennt, zurückzugreifen. Wir gebrauchen dabei Selbstgegebenheit in etwas anderem Sinn als Husserl.
Wir werden im Gegensatz zu Husserl schon häufig zufrieden sein
müssen, wenn wir sagen, es gibt hier keine Selbstgegebenheit, sondern
vielleicht einen schwachen Ersatz. Für uns sind dabei selbstgegeben in
erster Linie die Geschichten, während es sehr schwierig ist, hinsichtlich der materiellen Welt, wenn und soweit es diese gibt, Selbstgegebenheit oder Anschluß an oder Verhältnis zu Selbstgegebenheit aufzuweisen. So wagen wir z.B. auch nicht die Frage als vernünftige
Frage zu stellen, was gerade jetzt auf dem Arkturus passiert. Wir
wagen auch nicht die Behauptung aufzustellen, daß der Arkturus 38
Lichtjahre von uns entfernt sei. Wir wagen auch nicht zu sagen, was
ein Lichtjahr ist.

Man kann zu unseren Überlegungen eine nicht einfach zu beant-
wortende Frage stellen. Wenn man schon zugibt, daß Sonne-
Erde im Verhältnis zu unseren Uhren die Originaluhr ist,
so ist vorausgesetzt, daß die Tage, welche nach der Sonne
gemessen sind, ständig gleich bleiben. Man könnte weiter die
Frage aufwerfen: Wie ist die Sachlage, wenn der Sonnentag
sich ändert. Dann müßte man doch wohl sagen, daß jetzt die Uhren,
die nach dem alten Sonnentag gestellt sind, richtig gehen und daß die
Sonne verkehrt geht. Wie verhält sich dies dazu, daß die Sonnen-Uhr
die Originaluhr sein soll. Der Einwand ist richtig oder läßt sich jedenfalls hören. Die Sonne ist lediglich Originaluhr im Hinblick auf den
Tag, auf welchen die Modelluhr sie nachbildet. Dieser Satz gilt all-

gemein für Original und Modell. Wenn ein Dampfer neue Maschinen erhält, so kann man fragen, ob das Modell, welches den Dampfer noch mit den alten Maschinen abbildet, noch ein richtiges Modell ist. In Bezug auf den alten Dampfer ist sie ein getreues Modell, aber nicht in Bezug auf den neuen Dampfer. Bei der Sonne liegt die Sache noch etwas komplizierter. Es lohnt sich wohl, die Sache weiter zu durchdenken. Der Tag also, der für uns festes Zeitmaß ist, verliert seine Bedeutung, wenn wir an große Zeiträume denken, bis er schließlich bedeutungslos wird. Immerhin kann man auch wieder sagen: Es hat einmal solche Tage gegeben. Diese Redeweise ist aber nur verständlich über Geschichten.

Diese unsere Ausführung über Geschichten, Leib und dessen Alter, Wozuding und dessen Alter, sind Voraussetzungen für eine Untersuchung der Rolle, welche die Uhr im Verhältnis zur Zeit spielen mag. Wir geben dabei zu, daß unsere Untersuchung noch nicht eingehend genug ist, und machen zunächst nur einen Versuch, um von hier aus einen Schritt weiter zu kommen. Die Geschichten in unserem Sinne, der Leib und die Wozudinge treten ständig auf in Beziehung zu etwas wie Zeit, insbesondere auch zu Zeitabschnitten, zu Tagen, Monaten, Jahren. Hunderte von Ausdrücken treten in Geschichten auf als Bezeichnungen für Beziehungen zur Zeit, wie Frühling, Sommer, Herbst und Winter, wie jung und alt, wie Blüte und Frucht. Diese Ausdrücke setzen mehr oder weniger das Ganze des irdischen Lebens voraus, oder wie wir sagen, all die Geschichten, die im Horizont unserer Geschichten liegen. Was wir damit ansprechen, hat eine gewissen Beziehung zur Welt in den verschiedenen Vorstellungen, die es von Welt geben mag. Am entferntesten ist aber die Beziehung zu dem wirren Haufen von Atomkernen und Elektronen. Kann man bei diesem Haufen noch von Zeit sprechen und in welchem Sinne könnte man das? Kann man bezüglich eines solchen Haufens noch in irgendeinem Sinne von Welt, Raum und Zeit sprechen? Kann man irgendwelche Ausdrücke und welche Ausdrücke, die Beziehung zur Zeit haben, auf diesem wirren Haufen anwenden? Stellt dieser wirre Haufen dann letzte Wirklichkeit dar oder ist er etwas ganz anderes?

FARBE UND WELT

[1] Wenn wir versuchen, die Farbe oder Farbigkeit als Moment im Ganzen der Welt aufzuweisen mit allen Verbindungen und Verästelungen zu anderen Momenten, so müssen wir gleich eine Einschränkung machen. Wir behandeln nämlich nicht die Farbe, soweit sie den Maler oder den Dichter oder den Künstler oder den Menschen überhaupt, soweit er zugleich Künstler ist, interessiert. Es ist aber durchaus möglich, daß eine spätere Ausdehnung unserer Untersuchung auch zu Berichtigungen oder Ergänzungen dessen führt, was wir hier vortragen.

Auch bei dieser Beschränkung können wir positiv kaum sagen, was alles uns an der Farbe interessiert. Wir könnten zunächst etwa sagen, was ist die Bedeutung der Farbe für die Naturwissenschaft, aber selbst bei dieser Beschränkung können wir nur einige Hauptpunkte darstellen.

Ein wichtiger Punkt ist dabei, das Verhältnis von anhaftender Farbe, die dem Gegenstand oder dem Stoff eigentümlich ist, zu den anderen Farbphänomenen. Bei Gegenstand oder Stoff beschränken wir uns dabei wieder in erster Linie auf die starren Gegenstände.

Die anhaftende Farbe interessierte uns dabei weniger als Farbe, sondern eher als Farbphänomen, welches möglicherweise zusammen mit anderen Phänomenen vieles von den Eigenheiten des Stoffes verrät oder sichtbar macht. Vielleicht besteht insofern schon eine Beziehung zwischen Raum und Farbe oder, wenn wir uns etwas bescheidener ausdrücken wollen, zwischen Perspektive und Farbe. In diesen Zusammenhang würde auch eine Untersuchung der Deutlichkeit der Wahrnehmung gehören. Auch würde zu diesem Zusammenhang gehören eine Untersuchung über die Verbindung zwischen anhaftender Farbe und Dinghaftigkeit und insbesondere der Dinghaftigkeit des Wozudinges.

Die Untersuchung der Deutlichkeit der Wahrnehmung führt uns dann zu dem Verhältnis von Entfernung und Deutlichkeit. Mit zunehmender Entfernung vermindert sich die Deutlichkeit, bis das Ding als deutlich wahrgenommenes Ding aus dem Gesichtskreis verschwindet. Soviel ich sehe, braucht man hierzu noch nicht die Lehre von den Lichtwellen, um den Einfluß von Entfernung und Deutlichkeit zu untersuchen. Allerdings mögen die Lichtwellen der Untersuchung ein breiteres Fundament geben.

Das Verhältnis von Licht und Farbe, bedarf einer besonderen Untersuchung, obwohl jede Farbe für sich genommen schon wieder eine Lichtquelle bildet, oder in engster Beziehung zur Lichtquelle steht.

Ein neues Gebiet betreten wir, wenn wir auf das Verhältnis vom Lichtwelle und Farbe zu sprechen kommen. Einen ganz kleinen Ausschnitt aus diesem Verhältnis bildet die anhaftende Farbe oder die Dingfarbe oder das Farbengewand, in welchem die starren Wozudinge und sonstige Stoffe wahrgenommen werden, deutlich wahrgenommen werden. Diese Wahrnehmung beschränkt sich auf einen kleinen jeweiligen Umkreis. Welche Bedeutung die Farbphänomene darüber hinaus haben und welche Beziehungen in diesem weiteren Umkreis zwischen Farbe, Weltwahrnehmung und Lichtwelle bestehen, das sind schwierige und noch fast ununtersuchte Fragen, die aber Voraussetzung für jede Lehre von Licht und Farbe sind.

Dabei müssen wir immer wieder feststellen, daß unsere Untersuchung auf ein etwa bestehendes inneres Verhältnis zwischen Lichtwelle und Farbigkeit überhaupt noch nicht eingeht, auch die Frage unentschieden läßt, ob eine solche Untersuchung überhaupt möglich ist.

Unsere folgende Untersuchung will nur einen Beitrag liefern zu der Frage des Verhältnisses von Lichtwelle und Lichtgeschwindigkeit zur „Zeit" in irgendeinem Sinne und insbesondere den Nachweis liefern, daß Überlegungen wie unsere erst angestellt werden müssen, bevor man von Gleichzeitigkeit in der Welt oder auf Gestirnen in irgendeinem Sinne sprechen kann.

[2] Man wird in den Mittelpunkt des Sehens nicht das Sehen von Licht stellen, sondern das Sehen von beleuchteten Körpern, wobei man am besten und sichersten mit den Wozudingen beginnt.

Ein Hauptunterschied zum Licht besteht darin, daß uns hier die Farben nicht nur in ihrer Mannigfaltigkeit sondern auch in ihrer Verflechtung mit dem Körper in den verschiedensten Formen begegnen. Einen Anfang zu einer solchen Untersuchung haben wir in unseren Beiträgen gemacht.

Wenn wir dieses Gebiet als eine Einheit durchforschen, so liefern für diese Forschung Naturwissenschaft und Biologie nur geringe Beiträge. Nach unserer jetzigen Auffassung hilft auch eine Wahrnehmungslehre oder eine phänomenologische Betrachtungsweise nicht weiter. Die Wahrnehmungslehre hilft nicht weiter, weil wir nicht wissen, was Wahrnehmung ist. Weswegen die phänomenologische Betrachtungsweise nicht weiter hilft, ist schwieriger darzulegen. Vielleicht kann man so sagen, daß die Phänomenologie wenigstens im ursprünglichsten Sinne ausgeht von einer Evidenslehre. Bei diesem Ausgangspunkt legt man zugrunde, daß man Wahrheit und Wirklichkeit in sicherem Besitz hat, wenn man sich an das Gegebene hält, wenn man nicht über das Gegebene hinausgeht. Mit dieser Ansicht kann man sich nicht kurz auseinandersetzen; sie enthält wertvolle Ansatzpunkte. Am umfassendsten ist vielleicht der Einwand, daß es solche Gegebenheiten nicht gibt, sondern daß es immer nur Welt gibt, die vor uns auftaucht, und daß wir diese Welt nicht, auch mit dem stärksten Willen nicht, reduzieren können oder umwandeln können in bloße Gegebenheiten. Es ist einer besonderen Untersuchung wert, woher das Streben kommt und in welchen Zusammenhängen es steht, das Streben, das, was auftaucht, aufzuteilen in evident Gegebenes und in einen Rest, etwa in der Art, daß man sagt, bei Betrachtung eines Gegenstandes sind die Farben oder ist das Farbige evident gegeben, während der Rest irgendetwas anderes ist.

Nebenbei wird in diesem Zusammenhang klar, wie der Psychologe oder Physiker zur Lehre von der Empfindung kommt, oder wie der Phänomenologe zur Lehre von der Evidentgegebenheit kommt. Es wird dann auch erklärt, wie Phänomenologie sich noch lange mit der Empfindung im Anschluß an die Psychologie herumschleppt. Man wird dabei allerdings nicht übersehen dürfen, daß die Empfindung als Verbindungsstück zwischen Welt und Seele, solange man diesen Unterschied macht, unentbehrlich ist oder etwas anders gewandt, nur ein Ausdruck für die Verbindungsstelle zwischen Welt und Seele ist. Die Empfindung wird erst überflüssig, wenn man mit uns von den Geschichten ausgeht. Auch das ist nicht ganz richtig, denn Homer und vielleicht auch Dante brauchen für ihre Welt, soweit ich sehe, ebenfalls keine Empfindung.

Wir lehnen es also ab, zur Aufklärung dessen, was hier vorliegt, irgendwie die Empfindung einzuführen. Wir sind der Ansicht, daß man auch ohne Empfindung auskommt, wir meinen, daß Farbe oder Farbiges uns in der Welt in vielen Zusammenhängen begegnet. Vielleicht können wir die Zusammenhänge nicht einmal erschöpfend beschreiben. Wir können aber wohl einige Zusammenhänge aus dem

ganzen Bereich der Farbigkeit einigermaßen klar umreißen und so zu
gewissen Arten von Farbigkeit kommen. Wir werden dabei nicht vermeiden können, in Nachbargebiete überzugreifen. Wenn wir dies aber
tun, so müssen wir dabei besonders vorsichtig sein. Machen wir dabei
unerlaubte Voraussetzungen oder soll der Überblick nur einer schnel-
leren Verständigung dienen?

[3] Im Bereich der Farbe kann man ziemlich scharf die anhaftende
Farbe trennen von anderen Farbphänomenen. Die anhaftende Farbe
kommt in erster Linie in Frage als Eigenschaft von festen Körpern.
Ob man in dem selben Sinne auch bei Flüssigkeit von anhaftender
Farbe reden kann, müßte erst näher untersucht werden. Etwas Ähn-
liches wie anhaftende Farbe scheint es z.B. bei Sirup, Honig zu geben.

Die durchsichtigen Körper scheinen keine anhaftende Farbe zu
haben, ebenso die durchsichtigen Flüssigkeiten nicht. Wenn wir trotzdem bei durchsichtigen Körpern von Oberfläche reden können, von
Oberfläche, die wir sehen, so ist dies ein merkwürdiges Phänomen für
sich. Ob alle starren Körper eine Oberflächenfarbe haben, abgesehen
von den durchsichtigen, ist noch wieder die Frage. Ein Körper kann
so schillern, daß man nicht ohne weiteres von Oberflächenfarbe reden
kann. Im übrigen zeigt der Körper die anhaftende Farbe nur bei
günstiger Beleuchtung. Wenn wir schließlich genau sagen sollen, an
welcher Stelle bei irgend einer Beleuchtung die Oberflächenfarbe am
besten zutage tritt, oder rein zutage tritt, geraten wir in Schwierigkeiten. Man könnte vielleicht sagen, daß die anhaftende Farbe im
gewissen Sinne nur eine Konstruktion wäre oder ein Grenzfall. Man
könnte weiter fragen, ob man die Beziehung der anhaftenden
Farbe zum Körper noch wieder unterscheiden könnte von der Beziehung zur Materie oder ob man Oberflächenfarbe und Farbe der
Materie unterscheiden kann. Man könnte dann weiter fragen nach dem
Verhältnis von Lichtreflexen, welche auf der Oberfläche zu liegen
scheinen, zur anhaftenden Farbe. Man könnte weiter beobachten, wie
sich die Lichtreflexe in den verschiedensten Übergängen zu einem
Spiegelbild verwandeln und wie dabei die Oberflächenfarbe eine gewisse Änderung durchmacht. Man gerät dann in das große Gebiet
der Illusionen.

Im Mittelpunkt unserer Betrachtung steht bislang das Verhältnis
zwischen Körper und Farbe. Farbigkeit taucht aber auch ohne diesen
Zusammenhang auf, wie etwa der blaue Himmel am Tage, der
Sternenhimmel des Nachts, die Wolken und viele andere Licht- und
Farbenphänomene ohne festen Zusammenhang mit Körper.

Wir kommen leichter zur Übersicht über dieses Gebiet, wenn wir auf den Unterschied zwischen Licht und Farbe eingehen oder von Licht und beleuchtetem Körper.

Ist es möglich, Licht – Lichtquelle als etwas Einheitliches aufzuweisen? Man vergleiche etwa brennende Kerze, Petroleumlicht, flammendes Holz, Sonne, Mond und das Verhältnis dieser Gebilde zur Helligkeit und zum beleuchteten Körper und natürlich auch wieder zum Gebilde Dunkelheit, Dämmerung mit all den Zwischenstadien und all den Phänomenen der Deutlichkeit und Undeutlichkeit und der Illusion, die wieder damit zusammenhängen mögen.

Inwieweit gehört die Lichtquelle zum Gebilde der Farbigkeit? Inwieweit ist das Auftreten der Farbigkeit von der Art der Lichtquelle abhängig? Sehen also die Gebilde anders aus bei Tageslicht als bei Kerzenschein, wobei aber bei allen Lichtquellen gleichmässig Reflexe, Schatten und dergleichen auftreten? Von hier aus könnte man versuchen, den Zusammenhang zwischen Licht und Welle und dem, was in diesem Bereiche liegt, und dem Auftauchen von Körperlichkeit in der farbigen Welt zu untersuchen, ähnlich wie man das bei Ton und Welle machen kann.

Entspricht all diesen Unterschieden in der farbigen Körperwelt, etwa von anhaftender Farbe, von Lichtreflex, von Schatten, von Spiegelbild und allen anderen Farbphänomenen, so etwa auch den Unterschieden von Farbe in der Nähe und von Farbe in den verschiedenen Graden der Entfernung, entspricht all diesen Unterschieden ein Unterschied in der Welle, in der Lichtwelle? Hier setzen die großen Lichttheorien ein, die wir voraussetzen. Hiernach hängt die Farberscheinung eng zusammen mit der Reflexion von Lichtwellen. Die Körper, von denen wir zunächst ausgehen, reflektieren einen Teil der Lichtwellen, einen anderen Teil verschlucken sie, einen anderen Teil lassen sie durch. Die reflektierten Lichtwellen entsprechen den Farbgebilden.

Im Gegensatz zum weißen Körper reflektiert der farbige Körper nur einen Teil der Lichtwellen, während er die anderen verschluckt oder durchläßt. Die Farbigkeit des farbigen Körpers beruht also eigentlich auf einem abweisenden Verhalten gegenüber der entsprechenden Lichtwelle. Man könnte vielleicht sagen, diese abgewiesene Lichtwelle trifft nun das Auge und das Auge faßt sie als zur Natur des Körpers gehörend auf, während eigentlich zur Natur des Körpers nur gehört, daß sie diese Lichtwelle reflektiert, schon an der Oberfläche abweist. Versuchten wir uns nun eine Vorstellung über alle möglichen

Farben, die nicht weiß sind, zu machen, so kämen wir wohl auf eine unendliche Farbentafel. Man könnte fragen, in welchem Verhältnis die Spektralfarben zu dieser Farbtafel stehen. Diese Frage lassen wir vorläufig beiseite. Dann wird jeder möglichen Farbnuance eine Lichtwelle entsprechen oder eine Zusammenstellung von Lichtwellen. Auch die Deutlichkeit und Undeutlichkeit, die Nähe und die Entfernung, vielleicht auch das Auftreten von Raum wird vermutlich in den Lichtwellen eine Entsprechung haben. Hier tauchen ähnliche Fragen auf wie bei den Tonwellen, so z.B. die Frage, ob man über Lichtwellen überhaupt zu einem Gebilde wie starrer Körper, flüssiger Körper kommt oder ob etwa die starren Körper und dergleichen immer schon vorausgesetzt sind oder wie das Verhältnis sonst sein mag.

[4] So schwierig all diese Fragen sind, so wird man doch in einer Richtung auf Grund dieser Überlegungen weiterkommen, nämlich in der Frage des Verhältnisses von Spektralfarben zu den Farben der dinglichen Gebilde. Wird nämlich diese als anhaftende Farbe etwas aufnehmen von der Struktur des Dinges? Ist dies Moment bei den Spektralfarben verloren gegangen oder jedenfalls nicht mehr aufweisbar? Bei den Dingfarben ist der Zusammenhang mit der Struktur des Dinges auch nicht überall in gleicher Weise vorhanden. Er ist aber doch wohl überall in Abwandlungen anzutreffen. Man muß schon in Gedanken alle Dinge durchgehen und auf ihren Zusammenhang mit ihrer Farbigkeit prüfen, um hier einen Schritt weiterzukommen. Man wird vielleicht auch einwenden, daß es hierbei weniger auf die Farbe als auf die Struktur der Materie ankomme oder auf sonst ein außerfarbliches Moment. Das scheint mir aber nicht ganz richtig zu sein. Es besteht doch wohl eine Beziehung zwischen Gold, Silber, Platin, Blei, Kupfer, Holz und allen zusammengesetzten Gegenständen und ihren Farben. Ist es aber richtig, daß dieser Zusammenhang bei den Spektralfarben verlorengeht? Wenn ich etwa durch ein Prisma auf einem weißen Bogen Papier die Spektralfarben erzeuge, so nimmt doch das Papier in der Spektralfarbe die ihm eigentümliche Struktur an! Das ist vielleicht richtig, vielleicht auch nicht. Geht man nun aber einen Schritt weiter und versucht mit den Spektralfarben sich die Körperlichkeit gegenständlich zu machen, so stößt man hier auf Grenzen.

Sieht man durch das Prisma, so sieht man verzerrte Gegenstände. Die feineren Unterschiede von anhaftender Farbe, Reflexe, Schatten gehen verloren. Gerade aber diese Unterschiede gehören zum Aufbau der körperlichen Dingwelt. Insofern könnten wir also Recht haben, als die Spektralfarbe nicht die Formung in anhaftende Farbe, Schatten, Reflexe aufnimmt oder wiedergeben kann, oder wie man sich sonst ausdrücken will. Es fragt sich nun, wie sich diese Überlegung mit den geltenden Theorien von der Zerlegung des Lichtes vereinbaren läßt. Was wird das eine Mal zerlegt, was wird das andere Mal zerlegt, das eine Mal bei den Spektralfarben, das andere Mal beim Körper, Ding, und wie mögen die in beiden Fällen auftretenden Lichtwellen sich verhalten?

[5] Wir wollen zunächst die Körperfarbe oder Dingfarbe trennen von der Farbe der Lichtquelle. Wir sind uns dabei noch nicht im Klaren darüber, ob die Lichtquelle immer eine Farbe haben muß und wie z.B. die Lichtquelle sich unterscheidet von einem glühenden Körper, und ob man beim glühenden Körper von Farbe in demselben Sinne reden kann, wie bei einem anderen Körper. Wie verhält sich etwa glühende Kohle, ein glühendes Stück Torf, glühendes Eisen zu den Flammen einerseits und zu einfach farbigen Körpern andererseits?

Bei den farbigen Körpern gehen wir davon aus, daß man nicht die Frage stellen darf nach dem Verhältnis von Farbe und Körper. Man darf die Farbe nicht isolieren. Damit verfälscht man die Wirklichkeit. Die Farbe ist in diesem Bereiche immer Farbe eines Körpers. Sie steht als solche in untrennbarem Zusammenhang mit der Körperlichkeit des Körpers, mit der Struktur in den feinsten Zusammenhängen. Bei den Spektralfarben scheint uns dieser Zusammenhang mit der Körperlichkeit verlorenzugehen. Wir könnten das so zu deuten versuchen, daß, indem das Prisma die Farbqualitäten genau nach der Wellenlänge aufteilt, sich die einzelne Farbe darauf beschränken muß, nur das Gröbste wiederzugeben von dem Körper, auf den die Spektralfarbe fällt. Wenn dagegen das Licht mit vielen verschiedenen Wellenlängen auf den Körper fällt, besteht die Möglichkeit, daß von der Mannigfaltigkeit der Struktur des Körpers viel mehr wiedergegeben wird, als bei einer Spektralfarbe, die auf den Körper fällt. Man kann dabei noch untersuchen, ob es sich nur um graduelle Unterschiede handelt.

Man kann nun, zunächst von einem noch naiven Standpunkt, versuchen, das Verhältnis der die Oberfläche treffenden Lichtwellen und damit der von der Oberfläche zurückgeworfenen Lichtwellen zu der Oberflächenfarbe oder, was nicht genau dasselbe ist, zu der Gesamtfarbigkeit, in der das Ding vor einem steht, zu untersuchen.

Man kann das, was sich hier an der Oberfläche des Dinges abspielt, als Ereignis auffassen und als Ereignis untersuchen, um eine Grundlage zu schaffen für den Zusammenhang zwischen diesem Ereignis und dem Auftauchen von Farbigkeit.

Zunächst ist das, was hier auftaucht an Farbigkeit, nicht auf die Oberfläche des Dinges beschränkt. Die Farbigkeit der Oberfläche tritt z.B. zurück hinter das, was sich auf der Oberfläche abspiegelt. Die Abspiegelung geht vom vollendeten Spiegelbild bis zu den fast nicht bemerkten weißen Reflexen, die nicht immer im Zusammenhang mit Spiegelbild gebracht werden. So können die Reflexe als Blendungserscheinungen aufgefaßt werden. Diese Blendungserscheinungen kann man beseitigen, indem man das Ding etwas verrückt. Im weiteren Sinne gehört zur Farbigkeit auch wohl das Auftauchen von Distance in der Richtung zum Beobachter und von Hintergrund, Seitengrund hinter und neben dem Ding. Dabei wollen wir uns nicht darauf festlegen, daß eins ohne das andere überhaupt auftauchen könnte. Das Ganze scheint eher eine Einheit zu sein.

Wie verhalten sich nun zu diesem Auftauchen von Farbigkeit die Wellenereignisse an der Oberfläche und in ihrem weiteren Verlauf vom Ding zum Beobachter?

Man kann hier zunächst eine Frage stellen, die wir nicht beantworten können: Auf welche Art kommen diese Wellenereignisse zum Auftauchen? Man könnte meinen, was aber zweifelhaft ist, daß der Zusammenhang zwischen Farbigkeit des Körpers und dem Auftauchen des Körpers einigermaßen auf der Hand liege. Man könnte etwa verweisen auf die Körper im Dunkeln und auf ihr Auftauchen über die Berührung. Auch im Dunkeln schwindet die Körperwelt nicht vollständig. Die stets vorhandene Berührung erhält die Außenwelt aufrecht und führt zugleich Horizonte mit sich. Die Horizonte spürt man etwa deutlich, wenn man in einer fremden Umgebung in dunkler Nacht aufwacht und nicht weiß, wo man sich befindet, im Gegensatz zu dem Fall, daß man im vertrauten Schlafzimmer aufwacht. Für unsere Untersuchung ist der fehlende Horizont ebenso wichtig wie der vorhandene Horizont.

[6] Wenn wir uns nun von dem Zusammenhang Farbe, Ding, Welt zu dem Zusammenhang Ereignisse an der Oberfläche des Dinges Farbe des Dinges wenden, so ist schon die erste Orientierung schwierig. Die Lehre von den Ereignissen an der Oberfläche, von der Wellennatur des Lichtes tritt erst auf mit der modernen Naturwissenschaft. Vielleicht kann man sagen, daß ohne das Auftauchen von Farbigkeit in der körperlichen Welt ein Zugang zu den Ereignissen an der Ober-

fläche nicht möglich wäre, obwohl diese Ereignisse auch ohne solchen Zugang vorhanden sein könnten. So würde ein Blinder über die Farben und ihre Verhältnisse zueinander einen Zugang zu den Ereignissen an der Oberfläche der Körper nicht gewinnen. Uns interessiert aber in erster Linie, wie der sehende Mensch diesen Zugang gewinnt. Wie der Zugang faktisch gewonnen ist, ergibt sich aus einer Geschichte der Naturwissenschaft. Man könnte im Anschluß daran unter Ausschaltung der Umwege versuchen, den kürzesten Weg darzustellen zu unserer jetziger Auffassung über das Verhältnis von Farbe und Lichtwelle. Wenn wir uns heute dies Verhältnis klarmachen wollen, so ist kaum zu vermeiden, daß wir zum Bleistift greifen und mit Zeichnungen der verschiedensten Art uns das Verhältnis von Lichtwellen und Farbe klarzumachen versuchen. Von diesen Zeichnungen ist dann nur ein Schrift zur mathematischen Zeichnung und zur mathematischen Gleichung. Die einzelnen Schritte die hier vorliegen, Ausgangspunkt und Endpunkt, sind heute noch so ungeklärt wie zu Beginn der Naturwissenschaft.

Kann man den Satz wagen, daß auf irgendeine Art die Lichtwellen und damit die Ereignisse an der Oberfläche ebenso Gegenstand der Wahrnehmung sind oder sein können wie der Gegenstand selbst, wenn auch auf Umwegen? Wir verweisen etwa auf die Experimente zur Feststellung der Lichtgeschwindigkeit. Hier spielt offenbar die Wahrnehmung eine grundlegende Rolle. Allerdings muß das auch im einzelnen nachgeprüft werden.

Wir verwenden hier den Ausdruck Wahrnehmung mit aller Vorsicht ohne irgendeine Theorie über Wahrnehmung zu Grunde zu legen. Allerdings könnte man ebenso gut sagen, daß wir von jeder Theorie etwas zu Grunde legen. So könnte man im Sinne Husserls sagen, daß die Farben in der Welt leibhaftig auftauchen, gegeben sind, und könnte dann die Frage stellen, ob und inwieweit auch die Lichtwellen leibhaftig gegeben sind oder wenigstens noch an einem Zipfel leibhaftig gegeben sind.

Wir kommen nun auf das Verhältnis von den Ereignissen an der Oberfläche zu dem Auftauchen der Körper in Farbigkeit. Im Sinne der Naturwissenschaft könnte man sagen: Das Auge erblickt den Körper in einem vergangenen Zustand. Daß die Vergangenheit unendlich kurz sein kann interessiert hier nicht. Eine bestimmte Wellenlage an der Oberfläche des Körpers wird irgendwie dem Auge übermittelt und wird auf geheimnisvolle Art umgesetzt in Erscheinung des farbigen Körpers. Die Lichtwellen werden dabei nicht wahrgenommen, sondern nur der farbige Körper. Ob man indirekt auch in irgendeinem Sinne noch von Auftauchen oder Wahrnehmung der Wellen reden könnte, lassen wir dahingestellt. Wir wollen die Frage aber nicht verneinen. Sicher kann man nicht sagen, daß eine solche Verbindung nicht bestände, weil die Menschheit sie nicht vor dem Auftreten von Naturwissenschaft ins helle Bewußtsein gebracht habe. Sie könnte trotzdem immer im Horizont gelegen haben. Jedenfalls aber ist im Sinne der Naturwissenschaft das, was als Farbe auftritt, und die ihr zugehörende Wellenlage im Zeitpunkt des Auftretens schon veraltet. Dabei müßte die Naturwissenschaft noch den Unterschied machen, daß der auftretenden Farbe, wenn man sie als Farbe isolieren könnte, keine Objektivität entspricht. Wenn man sie allerdings, wie wir glauben, nicht isolieren kann von dem Auftreten des Körpers in der Welt, so wäre damit immerhin eine Teilobjektivität sichergestellt.

Die der Farbe entsprechenden Ereignisse an der Oberfläche des Körpers wären im Zeitpunkt des Auftretens der Farbe schon veraltet, wären aber in diesem Alter objektiv.

Für den Zusammenhang des Ganzen ist unentbehrlich die enge Verbindung zwischen Körperfarbe und Körper nach allen Richtungen aufzuweisen. Etwas zugespitzt: Spektralfarben gibt es in der Körperwelt nicht. Es gibt keinen Körper, der von sich aus eine Spektralfarbe aufwiese. Das ist aber doch offenbarer Unsinn. Jede Spektralfarbenaufzeichnung im Lehrbuch widerlegt mich. Darauf möchte ich erwidern: Gewiß, die Technik hat künstlich Spektralfarben hergestellt, d.h. sie hat Stoffe hergestellt, die Spektralfarben aufweisen, aber doch wohl nur mit einer groben Annäherung. Ich möchte dabei bleiben, daß es natürliche Stoffe, die irgendeine Spektralfarbe rein aufweisen, nicht geben kann, weil ein entsprechendes Ereignis auf der Oberfläche eines Körpers, welches nur eine Spektralfarbe reflektiert, nicht denkbar ist.

Die Darstellung einer Spektralfarbe durch das Prisma steht auf einem anderen Blatt. Nach meiner Ansicht ist die Prismenfarbe keine Körperfarbe.

[7] Wir prüfen die möglichst deutliche Selbstdarstellung eines Dinges oder Körpers in Farbigkeit. Solche Selbstdarstellung setzt gute Beleuchtung voraus. Sie setzt aber weiter eine entsprechende Struktur des Körpers voraus. Durchsichtige Körper verraten wenig von sich, spiegelglatte Körper verraten auch wieder wenig von sich, sie können aber einen anderen Körper, der sich in entsprechender Lage zu ihnen befindet, mit einem großen Grad von Deutlichkeit im Spiegelbild,

sozusagen als Doppel des wirklichen Körpers, zu einer Art Selbstdarstellung bringen. Im übrigen kann man wohl ungefähr sagen, daß stumpfe Körper der Wahrnehmung den besten Halt bieten. Dieses ist aber auch wieder nicht ganz richtig, denn das Glattsein verrät auch wieder viel von der Struktur des Körpers. Wir halten nur so viel fest, daß uns die eigentliche Farbe des Körpers, also die Farbe von Gold, Silber, Zinn, Kupfer, Messing, Holz, in engster Verbindung mit der Eigenheit des Körpers zu stehen scheint, so daß die Farbigkeit dem Körper zukommt und der Körper der bestimmten Farbigkeit zugehört. Diese Farbigkeit tritt nun am klarsten bei richtiger Beleuchtung zu Tage. Dieser Beleuchtung entspricht es, daß sich auf der Oberfläche des Körpers beim Reflektieren des Lichtes Schwingungen abspielen, die in einzigartiger Weise irgendwie mit der Materie des Körpers verflochten sind. Wahrscheinlich wird man über diese Art der Verpflechtung noch genauere Untersuchungen anstellen können.

Im direkten Gegensatz zu dieser Gegebenheit von Körpern, insbesondere von stumpfen Körpern steht die Gegebenheit des Spiegels bei dem Spiegelbild eines Körpers. Die Gegebenheit eines Spiegelbildes verrät so gut wie nichts von der Oberfläche des Spiegels, an dessen Oberfläche wieder die Wellenschwingungen stattfinden oder die Reflektion der Wellenschwingungen stattfindet. Dafür gibt das Spiegelbild selbst in seiner Selbstgegebenheit den gespiegelten Körper – die Bezeichnung Bild paßt hier schlecht – in derselben Art wieder, wie der abgespiegelte Gegenstand sich uns darstellt. Man kann sich dies vielleicht am ehesten so klarmachen, daß man sagt, der Spiegel verändert nur den Ort des abgespiegelten Gegenstandes oder auch: die Spiegelreflektion ist nicht zu vergleichen mit der Wellenreflektion der anderen Körper oder auch, diese Art Wellenreflektion bleibt in der Spiegelreflektion aufrecht erhalten. Vielleicht kann man auch sagen, daß der Spiegel als glatte Fläche die auftreffenden Strahlen parallel zurückwirft ohne Änderung ihrer Zusammensetzung. Der Ausdruck parallel genügt allerdings nicht, es kommt ja gerade darauf an, daß die Modifikation der einzelnen Schwingungen auf der Oberfläche des abgespiegelten Körpers, auf der Oberfläche des Spiegels aufrecht erhalten bleiben. In diesem Sinne muß man parallel verstehen.

Wir gehen nun weniger auf dies Spiegelbild so genau ein, weil uns dieses als solches so stark interessiert, sondern weil das Spiegelbild am Endpunkt einer Reihe steht, die wesentlich zur Aufklärung der hier bestehenden Zusammenhänge helfen kann. Man kann fast die Wahrnehmung oder Selbstgegebenheit eines Körpers auch so auffassen, als wenn es sich um lauter aneinandergereihte kleine Spiegelbilder der Umgebung des Körpers oder Spiegelbilder der Lichtquelle handele. Dies kann man sich klarmachen an der endlosen Reihe von Übergängen zwischen der Wahrnehmung eines Körpers in seiner eigenen Farbigkeit und den Ansätzen von Spiegelung auf dem farbigen Körper oder hinter ihm oder auch vollständig losgelöst von ihm. So kann insbesondere bei glatteren Körpern etwas zunächst als gleichsam weißer Strich auf dem Körper erscheinen und sich bei längerem Zusehen in das Spiegelbild eines hellen Gegenstandes mit den verschiedensten Graden der Deutlichkeit verwandeln, und zwar entweder so, daß der spiegelnde Gegenstand an dieser Stelle verloren geht oder daß er sich doch noch erhält, wenn auch schwach und nur in Umrissen.

Mit dem Gegensatz: Körperding und Spiegelbild und den Übergängen und Zusammenhängen, die hier vorliegen, wird man einen großen Teil der Farbigkeit des Körpers als Phänomen aufhellen können.

In derselben Richtung kann man noch den Schatten untersuchen. Dieser führt als Phänomen ein eigenartiges Dasein. Unser Schatten wandert mit uns. Er übt irgendwie eine Wirkung auf die Farbigkeit des beschatteten Gegenstandes aus. Wir fühlen ohne weiteres, daß die Farbe unter dem Schatten dieselbe Farbe ist, wie die Farbe neben dem Schatten. Was entspricht nun dem Schatten in der Ebene der Wellenschwingungen? Handelt es sich nur um eine Verringerung der Anzahl oder der Stärke dieser Schwingungen? Womit hängt es zusammen, daß wir dem Schatten eine eigene Existenz zuteilen, die die darunterliegende Farbe nicht berührt.

WELT, GEGENSTAND, AUFFASSUNG

[1] Wir behandeln in diesem Abschnitt die Welt und was darin ist und die Auffassung von Welt und dem, was darin ist. Dies Thema ist allerdings so unbegrenzt, daß wir eine gewisse Auswahl treffen müssen, um überhaupt anfangen zu können.

Die Welt und was darin ist, ist jeweils, solange davon die Rede ist, schon aufgefaßt, so daß also die drei Ausdrücke: Welt, Einzelgegenstand, Auffassung, eng oder sogar untrennbar zusammengehören.

In der Philosophie der Geschichten haben wir in ähnlichem Zusammenhang von positiven Welten gesprochen, das waren die Welten, wie sie jeweils vom Beginn der Tage an aufgefaßt waren. Also etwa die Welt des Alten Testamentes, die Welt Homers und so weiter, bis zur Welt Einsteins. Die Unterschiede in der Auffassung sind groß. Die Welt des Alten Testamentes und Homers enthalten oder setzen voraus Gott und Götter. In der modernen Welt liegt die Sache etwas anders. Vielleicht aber braucht man auf diesen schwierigen Punkt nicht zu kommen, um das auszudrücken, was wir meinen.

Wir versuchen, etwa von der Auffassung auszugehen, und zwar von der Auffassung des Einzelgegenstandes und von der Auffassung von Welt. Dies Verhältnis von Welt und Einzelgegenstand, welches sonst so schwierig zu fassen ist, gewinnt eine neue Seite, wenn es richtig sein sollte, daß mit jedem Einzelgegenstand schon mindestens im Horizont oder mittelbar, oder wie man das sonst ausdrücken will, jeweils Welt mitgegeben ist. Ist mit dem aufgefaßten Einzelgegenstand jeweils die dazugehörige Welt oder die Welt, zu der der Einzelgegenstand gehört, mitgegeben, oder vielleicht besser, mit gegenwärtig, mit aufgefaßt? Oder noch etwas anders ausgedrückt, gehört zur Auffassung des Einzelgegenstandes immer schon Auffassung von Welt, und zwar einer positiven Welt? Unter positive Welt verstehen wir dabei zunächst die Welt Homers, Platos, Kants, Einsteins und ihrer Zeitgenossen. Dabei mag wieder die Frage sein, in wieweit es einen Kern gibt, der in all diesen Welten und auch in den älteren Welten gleich ist oder gleich bleibt.

Ein großer Teil unser Bemühungen ist darauf gerichtet, die Verbindung zwischen Einzelgegenstand und Welt aufzuweisen. Es handelt sich dabei nach unserer Ansicht allerdings um mehr als eine Verbindung oder einem Zusammenhang, es handelt sich um ein eigenartiges Ineinanderverflochtensein, welches man nur von der Stelle, mit der wir beginnen, am leichtesten überschaut. Wir beginnen mit dem Alter von Wozuding, Mensch, Tier, Pflanze und vielleicht anderen Gebilden, fragen auch nach dem Alter von Welt und nach den Zusammenhängen zwischen dem Alter dieser Gegenstände.

Wir heben zunächst einige Momente hervor, die die Bedeutsamkeit unseres Versuches erkennen lassen. Mit dem Alter der Einzeldinge ist Vergangenheit gegenwärtig. Dabei kommt es nicht in erster Linie darauf an, daß Vergangenes noch weiter wirkt, ausschlaggebend ist, daß Vergangenes in einer Einheit mit der Gegenwart auftaucht, aufgefaßt wird. Auch das ist noch kurz und mißverständlich ausgedrückt. Vielleicht fällt etwas mehr Licht hierauf, wenn wir zum nächsten Punkt kommen, daß die Vergangenheit oder das Vergangene die Gegenwart beherrscht, die Gegenwart als Gegenwart deklassiert. So kann eine Strafsache aus der Vergangenheit die Gegenwart beherrschen, so beherrschen überhaupt viele Einzelgeschichten aus der Vergangenheit die Gegenwart. Sie sind keineswegs vergangen. Sie vergehen überhaupt nicht, sondern vererben sich auf Kinder und Kindeskinder. Dabei handelt es sich nicht um eine Sonderheit von Straftaten, sondern in Wirklichkeit sind alle vergangenen Geschichten noch lange gegenwärtig.

Von hier aus ist allerdings noch ein weiter Weg bis zu unserer Behauptung, daß jeweils oder ständig die Welt oder Welt mit ihrem Alter im Hintergrunde stehe bei allem, was in der Welt auftaucht. Wir könnten zum Beispiel weiterfragen, welche Beziehung Erde und Himmel mit Wolken und Sonne als gegenwärtige Erscheinung oder besser, im gegenwärtigen Auftauchen zur Welt haben, oder welche Beziehung der nächtliche Sternenhimmel zur Welt hat. Wir möchten dabei nicht etwa so fragen, welche Beziehung diese Phänomene zur Welt haben, sondern wir meinen, daß zu diesen Phänomenen schon immer Welt gehört, Welt, die weit hinausreicht über das, was man vielleicht Phänomen nennen könnte. Wir möchten aber lieber sagen, Welt, durch deren Vergegenwärtigung erst das Phänomen, wenn es so etwas gibt, seinen normalen Charakter erhält. In diesem Sinne reden wir von Auffassung, obwohl uns klar ist, daß auch dies Wort leicht mißverstanden werden kann, in dem Sinne einer subjektiven mehr oder weniger zutreffenden Abbildung eines „Wirklichen", eines gerade jetzt Existierenden. Das möchten wir unter Auffassung nicht verstanden haben.

Es ist mit unserem heutigen Wortschatz wahrscheinlich nicht möglich, dies jederzeitige Aufgetauchtsein von Welt in aller Frische und Gegenwärtigkeit und doch im Zeichen der Ewigkeit, nach Vergangenheit und Zukunft annähernd zu beschreiben.

Diesem Phänomen versuchen wir mit unseren nachstehenden Überlegungen näher zu kommen. Die Frage allerdings, wie sich die Naturwissenschaft zu dieser Welt verhält, können wir noch nicht beantworten, wir können nur Hinweise geben.

Besteht die Gefahr, daß wir mit unserer Lehre von der Auffassung unserer Lehre von den Geschichten in den Rücken fallen und irgendwie den „Sachverhalt" über die Auffassung wieder einführen? Einen Hinweis auf diese Gefahr könnte man schon darin sehen, daß wir ständig versucht sind von Urteilen zu reden und die Auffassung in die nächste Beziehung zu Urteilen bringen.

Wenn man bei der Auffassung davon ausgeht, daß eine Wirklichkeit aufgefaßt wird und daß man mit der Auffassung immer näher an die Wirklichkeit heranzukommen versucht, bis man eines Tages die Wirklichkeit erreicht hat, so wäre es schwer mit dem Einwand fertig zu werden, jedenfalls wenn die Wirklichkeit, die dieser Auffassung zugrunde liegt, etwas anderes sein sollte als die Wirklichkeit der Geschichten, in die wir verstrickt sind, oder was wohl dasselbe wäre, als unsere Verstricktheit in Geschichten. Man könnte unter anderem fragen, ob mit der Welt oder in der Auffassung als Welt schon das Gebiet der Geschichten von vorneherein überschritten wäre, verlassen wäre. Die andere Möglichkeit bestände darin, daß es vielleicht gerade zu den Geschichten gehört, daß etwas als Wirklichkeit aufgefaßt wird, sozusagen als Wirklichkeit zweiten Grades oder als Abbild einer Wirklichkeit, um Platz zu gewinnen für die Wirklichkeit der Geschichten. Wie wir uns das ungefähr vorstellen, mag man sich an der Schöpfungsgeschichte klarmachen können. Mit der Schöpfung entsteht als Wirklichkeit Erde, Sonne, Mond und alles andere, was vorher nicht war. In gewissen Sinne geht jedenfalls die Schöpfungsgeschichte der Schöpfung voran. Ähnlich kann man auch sagen, daß der Atheismus eine Lehre von Gott als Grundlage hat, und ohne solche Grundlage sinnlos wäre; so möchte nach unserer Auffassung jede Lehre von der Welt schon Geschichten voraussetzen, oder die Welt taucht erst auf in Geschichten, mit Geschichten. Zu Geschichten gehört aber immer der in Geschichten Verstrickte. Und das Verstricktsein ist grundsätzlich etwas anderes als die Auffassung. Die Auffassung kommt in Geschichten vor. Es bleibt dann allerdings zu klären, ob es hinsichtlich der Geschichten zusätzlich zu dem Verstricktsein in Geschichten etwas wie Auffassung von Geschichten gibt etwa so, daß die erste Berührung mit Geschichten immer nur über das Verstricktsein stattfindet, daß es dann aber daneben noch eine Auffassung von Geschichten gibt. Das könnte z.B. in Betracht kommen bei Fremdgeschichten oder bei vergangenen Geschichten oder bei Phantasiegeschichten. Allerdings ist in all diesen Fällen fraglich, was dann vorliegt. Der Richter z.B. spricht ein Urteil über eine Geschichte, in die er mitverstrickt ist, sonst könnte er gar nicht urteilen. Deswegen ist sein Urteil auch kein Urteil. In diesem kleinen Satz ist alles angesprochen, was wir uns hier klarzustellen bemühen. Der Satz zeigt zugleich, wie einfach und wie schwierig der Unterschied ist, um den es hier geht.

Eine einfache Stütze für unsere Lehre, daß alles mit den Geschichten anfängt, ist das Wozuding, welches ohne Geschichten um seine Entstehung weder heute verständlich ist noch jemals verständlich war. Die nächste Station mag der Mensch selbst sein, der nur als in Geschichten Verstrichter zu verstehen ist, und mag weiter alles sein, was zum menschlichen Geschichtenbereich gehört, Religion, Staat, Recht, Kultur, Dichtung, Gesellschaft und alles andere. Am äußerste Ende taucht dann etwas auf wie Atom, Ion, Elektron und Sternenwelt. Für diese Bereiche hat man nun die Ansicht vertreten, daß keine Beziehung zu den Geschichten mehr bestehe, während wir der Ansicht sind, daß es sich hierbei nur um eine Erweiterung der irdischen Wozudingwelt handelt, wobei die irdische Wozudingwelt aber zuvor aus der Geschichten-Wirklichkeit herausgenommen ist und in eine andere Wirklichkeit überführt ist, die aber ihren Sinn weiter von der Geschichtenwirklichkeit entlehnt.

[2] Wir suchen nach einem Ausdruck für die „Teile", aus denen die „Welt" bestehen mag, für das in der „Welt" Auftauchende. Wir werden keinen passenden Ausdruck finden. Wir stoßen zunächst etwa auf „Ding", auf das starre, massive Ding, auf Tisch, Felsblock, vielleicht auch auf Erde als Ganzes genommen. Der Ausdruck paßt aber nicht recht auf Stoff, Materie, auch nicht auf Flüssigkeiten und Gase, und erst recht nicht auf Seelisches, und womöglich noch weniger auf das, was Husserl ideale Gegenstände nennt.

Wir versuchen es dann mit Gegenstand. Jedes Ding ist ein Gegenstand, aber der Ausdruck Gegenstand geht viel weiter. Er umfaßt wohl alles, was unter Ding nicht richtig paßt. Trotzdem mag es Bereiche geben, auf die auch Gegenstand nicht so recht paßt. So mag Gegenstand nicht so recht passen auf den Menschen, auf die Welt als Ganzes, auf die Beziehung zwischen den Gegenständen, auf Wellen, auf Fließendes, auf Geschichten, auf Sätze.

Wenn wir dies alles mit umfassen wollen, ist vielleicht der beste Ausdruck „Etwas". Man kann die Probe machen; auf alles, was wir angeführt haben, paßt der Ausdrück Etwas. Man könnte in alter Sprechweise sagen, daß Etwas die oberste Gattung zu Ding und Gegenstand sei. Wir möchten etwa sagen, daß Ding, Gegenstand, Etwas eine Reihe bilden, wobei wir aber noch viel genauer sagen müssen, was wir unter Reihe verstehen, genauer, als wir das bisher getan haben.

Wir suchen nun zunächst nach dem, was diese drei Ausdrücke verbindet. Wir könnten zunächst etwa sagen, daß das diesen Ausdrücken Entsprechende vor uns auftaucht, daß wir ihm begegnen, und nun kommt das Merkwürdige, daß wir ihm in einer Auffassung begegnen, daß wir eine Meinung von ihm haben, daß es, wie man auch wohl gesagt hat, einen Meinungsgegenstand bildet. Das hängt wieder eng zusammen mit der Verbindung des Gegenstandes oder des Etwas mit Geschichten.

[3] Was wir hiermit meinen, können wir nur klarmachen, wenn wir auf die Einzelheiten eingehen und von da aus einen Blick über alles, was uns begegnet, werfen, um zu prüfen, ob überall Auffassung vorhanden ist und was dies bedeuten mag. Wir beginnen mit den starren Wozudingen oder wenn jedes Wozuding starr ist, mit den Wozudingen. Mit einem konkreten Tisch, einem konkreten Stuhl, einem konkreten Kraftwagen, einem konkreten Haus. Wir wagen dabei nicht von Wahrnehmung oder gar von Impressionen zu sprechen, weil uns das zu gefährlich ist. Wir reden lieber vom Begegnen und Auftauchen, obwohl auch das noch zu Irrtümern Anlaß geben kann, denn es mag viele Arten vom Begegnen und Auftauchen geben.

Wenn wir bei diesen Gegenständen, bei diesen Etwassen von Auffassung reden, so ist damit ein Gebiet beschritten, welches vielleicht unübersehbar ist. Wir meinen etwa, daß der Gegenstand auf eine selbstverständliche Art auf sein Alter verweist. Diese Verweisung kann mehr oder minder eindringlich sein. Wir meinen, daß eine Spur vom Hinweis auf dieses Alter bei jedem Wozuding vorhanden ist. Dem Alter kommt man nicht durch Impression näher, vielleicht durch Auffassung. Diesen Hinweis auf das Alter würden wir schon als Auffassung näher zu fassen versuchen. Wenn wir hier von Alter reden, so darf man das nicht zu schematisch nehmen. Es handelt sich um das konkrete Alter dieses konkreten Tisches. Das Alter kann im gewissen Sinn im Mittelpunkt stehen, wenn ich billig einen gebrauchten Tisch kaufen will, oder fast entgegensetzt, wenn ich einen „antiken Tisch" kaufen will. Dies Alter ist eng verknüpft mit Geschichten, die ganz im Hintergrund stehen können, die auch ganz in den Vordergrund rücken können, etwa so, der gebrauchte Tisch stammt aus der Wohnung einer kranken Familie oder der antike Tisch stammt aus dem Schlosse von Versailles. Diese Geschichten hängen eng mit dem Alter, oder wie wir auch sagen können, mit der Vergangenheit des Tisches zusammen, sie führen weit hinaus über das momentane Auftauchen des Tisches und sind doch eng mit diesem Auftauchen verbunden und gehören zu dem „als was" der Auffassung dieses konkreten Tisches. Wir werden dabei auseinanderhalten die Erscheinungsweise des Tisches für den flüchtigen Beobachter, der kaum hinsieht, und den Untersucher, etwa den Käufer eines wichtigen Gegenstandes, wobei aber keine scharfe Grenze zu ziehen ist, sondern beide Arten des Auftauchens über unendlich viele Zwischenglieder verknüpft sind.

Die Auffassung bezieht sich auch auf das „Auswas" des Tisches, massiv Eiche oder aufgelegt.

Innerhalb der Auffassung wird man wieder unterscheiden müssen, was mit mehr oder weniger Sicherheit aufgefaßt wird, von dem, was nur vermutet oder gefragt wird, immer in Beziehung auf den Gegenstand.

Der Jurist oder Geschäftsmann, der diese Zeilen lesen sollte, mag etwa an den Kauf eines Hauses, eines konkreten Hauses, für eine Million Mark denken und nachsinnen, was dabei alles in Hinsicht auf die Vergangenheit des Hauses geprüft und überlegt werden muß.

Wir lassen dabei die Frage offen, was von dieser Auffassung noch unmittelbar das Haus betrifft. Gehören etwa die Eintragungen im Grundbuch dazu? Nur soviel halten wir fest, das Haus ist ein Wozuding, es ist in Geschichten verwebt und kann als rein materielles Ding, wenn es überhaupt so etwas gibt, nicht verstanden werden.

Auf andere Art leitet das Auftauchen des Hauses über zu seinen Vorgängern. Das wird etwa besonders eindringlich, wenn man in einer Stadt in der selben Straße Häuser von verschiedenem Alter nebeneinander sieht und damit mehr oder weniger eindringlich einen Abschnitt aus der Entwicklung des Hauses in dieser Stadt, etwa über 200–300 Jahre hinweg, vor sich hat.

[4] Diese beiden Auffassungen als Einzelding mit Vergangenheit und Zukunft und als Ding einer „Gattung" sind bei jedem Wozuding

möglich. Ob sie bei jedem anderen starren Ding, etwa bei einem Felsblock, möglich sind, möchte ich dahingestellt sein lassen. Dabei ist
allerdings die Frage, wo die Grenzen der Wozudinglichkeit sind. Vielleicht müßte man auch die Dinge, die sich mehr oder weniger zu Wozudingen eignen, oder die hinderlich sind für die Ausbreitung der
Wozudinge, als Zukünftige oder negative Wozudinge bezeichnen. Man
müßte ferner untersuchen, wie weit der irgenwie benutzte Grund und
Boden zu den Wozudingen rechnet. Ferner müßte man prüfen, wie
die Flüssigkeiten und Gase, die als Wozudinge Verwendung finden,
ähnlich betrachtet werden können. Sie sind jedenfalls nicht ohne weiteres mit den starren Wozudingen zu vergleichen. Es ist ferner zu
prüfen, wie Flüsse, Bäche, Meere sich in der Auffassung zu den starren
Dingen verhalten.

[5] Es fragt sich nun, wie man die „Auffassung" weiter verfolgen
kann, und zwar zunächst bei den starren Dingen. Mit der Auffassung
steht im engsten Zusammenhang die Illusion. Insoweit kann ich mich
auf die Beiträge zur Phänomenologie der Wahrnehmung beziehen,
wenigstens auf die dort angeführten Beispiele. In der Auslegung dieser
Beispiele stimme ich nicht ganz mehr mit den Beiträgen überein. Die
Beispiele, die ich bringe, haben insbesondere insofern Bedeutung, als
sie das, was Auffassung ist, festlegen und gegen Mißverständnisse
schützen, wenn die Sachlage vielleicht auch schwieriger ist, als ich
damals angenommen habe. Was aber Übergang von der einen Auffassung auf die andere bedeutet, liegt auf der Hand. Hier ist der Grund
und Boden, auf dem weitergebaut werden kann.

[6] Die Auffassung, wie wir sie hier beschrieben haben, führt weiter
zur zeitlichen Einheit des starren Dinges, insbesondere des starren
Wozudinges und zur Abgrenzung des Dinges von der Umgebung und
damit zu einer gewissen Selbstständigkeit des Dinges. Diese Selbstständigkeit muß genau geprüft werden, sie hebt in keinem Augenblick
die Verbindung mit der Umgebung auf. Die Umgebung gehört zum
Wozuding.

[7] Es fragt sich schließlich, wie die Auffassung von Stoff oder Materie als Stoff und Materie über die Wozudinglichkeit in unlöslichem
Zusammenhang mit Geschichten steht, so daß es schließlich keinen
Sinn mehr hat, ohne diesem Zusammenhang von Stoff zu reden,
„etwas" als Stoff aufzufassen. Wir nehmen diesen Zusammanhang an,
wenn wir von Stoff in dem Sinne reden, in dem wir von Elementen
reden, aber auch in dem Sinne, in dem wir etwa in der Geographie
von eigenartigen Stoffzusammensetzungen, von Gebirgen, Flüssen,

Tälern, Seen, Ozeanen reden. Wir meinen dabei den Stoff auch in den drei Aggregatzuständen. Dieser Stoff scheint uns in Verbindung zur Wozudinglichkeit zu stehen, und zwar in vielen Verbindungen. Die eine Verbindung ist, daß der Stoff das Auswas des konkreten Wozudinges bildet, eine andere Verbindung bildet die Tauglichkeit oder Untauglichkeit des Stoffes hierzu oder Schädlichkeit des Stoffes. Es ist sehr schwierig, diese Verbindungen erschöpfend darzustellen. Man kann aber vielleicht sagen, daß es ein Auftauchen des Stoffes ohne solche Beziehungen nicht gibt; oder anders ausgedrückt, daß der Stoff immer in einer solchen Auffassung auftaucht. Trotzdem bleibt der Stoff oder die Stofflichkeit oder der Aggregatzustand streng zu trennen von dem Wozuding und seiner Auffassung. Es will einem vielleicht nicht recht in den Kopf, daß etwa ein Fluß oder ein Bach oder ein See oder ein Berg nicht noch etwas wäre ohne die vorstehenden Beziehungen oder besser, die Auffassungen. Wenn Heraklit allerdings sagt, alles fließt, so kommt in diesen Fluß doch erst ein gewisser Halt durch die Auffassung über Geschichten. Wenn man in einen Fluß nicht zum zweiten Mal steigen kann, so mag das gerade dazu gehören, die Voraussetzung dafür sein, daß man mit dem Fluß einen Acker oder das Tal des Niles bewässern kann.

Man kann vielleicht mit äußerster Kraftanstrengung versuchen, die stofflichen Gegenstände aus solchen Verbindungen herauszunehmen. Die Frage ist dann, ob zuletzt noch etwas bleibt, wie Einheit, Identität, Abgrenzung von der Umgebung usw. Dieselbe Art der Betrachtung können wir auch auf die Lebewesen oder auf den Menschen anzuwenden versuchen. Wir sehen alsbald, daß der Mensch in einem andereren Sinne zu einer Gattung gehört, wenn man überhaupt so sprechen darf, und daß er in einem anderen Sinne eine Einheit bildet, als das Wozuding oder die verwandten Gegenstände. Wir halten uns nicht damit auf, die körperliche Erscheinung des Menschen unterzubringen. Wir halten uns auch nicht auf mit den Begriffen oder Gegenständen, mit denen die Psychologie arbeitet, sondern wir beginnen mit den Menschen als den in Geschichten Verstrickten und fragen uns, inwieweit dieser Mensch ein Meinungsgegenstand ist, inwieweit er aufgefaßt ist. Hier sind wir aber doch wohl voreilig gewesen. Wir müssen doch wohl mit dem Körper beginnen, wenn auch stets im Hinblick auf Geschichten.

Ohne Geschichten erfassen wir nichts vom Menschen, ohne Körper (Ausdruck) aber haben wir keinen Zugang zu den Geschichten. Wenn wir uns allein auf den Körper verlassen, kommen wir bald in einen Irrgarten.

Wir müssen uns schon mit den Einzelheiten befassen, um hier etwas klarer zu sehen. Der Körper des Menschen könnte uns verleiten, den Menschen zu vereinzeln, ähnlich wie ein Wozuding, von seiner Umgebung abzugrenzen. Der Körper des Menschen könnte uns weiter verleiten nach einer körperlichen Einheit zu suchen und die Entstehung und Entwicklung dieser körperlichen Einheit zu verfolgen, etwa im Sinne der Biologie. Früher hat man wohl gefragt, wo dabei die Geschichten bleiben, die doch wohl das Zentrum des Menschen ausmachen, für die er oder vielleicht auch seine Mitmenschen jeden Tag, bis zum jüngsten Tage, grade zu stehen haben. Erst über Geschichten kommt er in die Gemeinschaft hinein, die von so wesentlicher Bedeutung für ihn ist und von der er unabtrennbar ist. Über den Körper kann man diese Gemeinschaft nicht verständlich machen. Man kann versuchen, die Entwicklung der Geschichten mit der Entwicklung des Körpers zu vergleichen. Man kommt aber dabei bald auf Unmöglichkeiten. Was Mutterleib ist, kann man biologisch nicht deuten.

[8] Wir sehen hierbei aber schon, auf was für ein gefährliches Gebiet wir uns begeben haben, wenn wir das „alswas" des Menschen nach Art und Gattung oder nach Einordnung in Reihen untersuchen wollen. Der Mensch und überhaupt die Lebewesen haben wohl zunächst Anlaß zur Rede von der Gattung gegeben.

Andererseits gibt eine Wortbildung wie Menschheit vielleicht am einfachsten und schnellsten Zugang zu der Auffassung vom Menschen, die wir vertreten, vom Menschen, der mit seinen Geschichten in die Geschichten der übrigen mit verwebt ist oder mit verstrickt ist. Die Rede von Gattung setzt ein einzelnes und konkretes Individuum voraus, welches im Bereich der Menschheit sicher nicht vorhanden ist. Die Einbeziehung in ein Ganzes ist bei dem Menschen noch viel schärfer und ganz anders ausgeprägt, als bei dem Wozuding. Aus diesem Anlaß oder mit aus diesem Anlaß hatten wir bei dem Menschen auch an eine Einordnung in eine Reihe über die Voreltern gedacht. Wir werden damit aber den Zusammenhängen, wie wir sie jetzt sehen, kaum noch gerecht. Wir können allerdings Parallelen zu der Wozudinglichkeit genug finden. Wir können auch bei den Menschen den Menschen als konkretes Etwas festzuhalten versuchen, er ist aber über Familie, Sippe, Dorf, Stadt, Land so eng mit den Mitmenschen verbunden, daß eine Herauslösung unmöglich ist.

[9] Diese Überlegungen müssen wir ausdehnen auf „Tier- und Pflanzenwelt". Wir beginnen dabei zweckmäßig mit den uns nahestehenden Tieren, mit den Haustieren. Mit diesen besteht, wie leicht

erkennbar ist, eine Gemeinschaft der Geschichten. Wir erinnern uns an Pferd und Reiter, an Jäger und Hund, wo die Geschichtengemeinschaft klar zutage tritt. Wir gehen wohl nicht fehl in dem Schluß, daß dies Verhältnis der Gemeinschaft, wenn es bei den uns nahestehenden Tieren vorliegt, auch bei den anderen Tieren, wenn auch verdeckter und schwieriger feststellbar, vorhanden sein muß. Schwieriger ist schon, Parallelen im Verhältnis zur Pflanzenwelt zu finden.

In derselben Blickrichtung können wir nach Gemeinschaften, nach Geschichtengemeinschaften innerhalb der Tierwelt und innerhalb der Pflanzenwelt suchen.

Der nächste Schritt führt uns dann zu der Frage, ob nicht auch zu den Tieren und entsprechend vielleicht auch zu den Pflanzen für uns nur ein Zugang über Geschichten gegeben ist. Vielleicht ist das falsch ausgedrückt, wir sollten besser sagen, daß von Anfang an das Tier uns nur auftaucht, ähnlich wie der Mensch, über Geschichten, in Geschichten. Wir können dabei noch verweisen auf die vielfachen Beziehungen zwischen Mensch und Tier, wie Zuneigung und Abneigung, Haß und Freundschaft, auf das Spielen mit den Tieren und insbesondere auf das nahe Verhältnis mannigfachster Art zwischen Kindern und Tieren. Wenn unser Blick für diese Zusammenhänge erst geöffnet ist, werden wir auch im Verhältnis zwischen Mensch und Pflanze auf Entsprechungen stoßen.

Wir ziehen dann die Folgerung, daß auch bei dem Tier die biologische Betrachtung nicht in den eigentlichen Bereich des Tieres führt, daß vielmehr auch bei dem Tier, wenn man in sein Wesen eindringen will, soweit man dies überhaupt kann, dies nur über Geschichten möglich ist, und daß das sogenannte Biologische überhaupt erst Sinn gewinnt über Geschichten. Die Frage ist dann allerdings, was für einen Sinn die rein biologische Betrachtung noch haben könnte. Die nächste Frage wäre, ob, wenn diese Betrachtung keinen rechten Sinn hat, sie nicht doch die Betrachtung des Alltages ist, und woher diese Betrachtung so plausibel erscheint. Diese Fragen können wir nur schrittweise untersuchen. Ihre Beantwortung setzt schon mehr Klarheit über die „Auffassung" voraus, mit welcher wir uns hier beschäftigen.

[10] Von den konkreten Dingen und dem konkreten Menschen oder Lebewesen wenden wir uns jetzt zu den Relationen, Verhältnissen, Eigenschaften, Tätigkeiten, Ereignissen. Am leichtesten zu fassen hiervon sind die konkreten Eigenschaften. Von Eigenschaften sprechen wir bei den Dingen und bei den Lebewesen, aber doch wohl mit ver-

schiedenen Nuancen. Selbst wenn wir von dem Körper des Lebewesens ausgehen, hat auch dieser Eigenschaften, wohl in anderem Sinne als die leblosen Gegenstände. Selbst bei diesen spricht man von Eigenschaften in verschiedenem Sinn. Die Milch ist in anderem Sinne weiß, als der Rotwein rot ist, oder auch der Kalk weiß ist. Die Eigenschaft Farbe ist ein ganz kompliziertes Gebilde. Die prismatischen Farben bringen kein Ding zu Darstellung. Wenn wir die Welt durch ein Prisma betrachten, verschwindet die Dinghaftigkeit an den Dingen.

Von den Gegenständen, die in der Zeit verlaufen, kommen wir nun zu den sogenannten idealen Gegenständen. In unserer Untersuchung über die Auffassung besteht die Schwierigkeit darin, daß wir die idealen Gegenstände nicht so sehen, wie Husserl sie sieht, ja daß wir sie überhaupt nicht sehen. Wir verkennen nicht, daß es sich hier um einen großartigen Versuch des Abendlandes handelt, über die idealen Gegenstände mit Schwierigkeiten in der Frage, was die Auffassung oder der Auffassungsgegenstand oder der Meinungsgegenstand ist, fertig zu werden. Wenn es sich hier, wie wir glauben, um eine Konstruktion handelt, so mag es sich doch um eine notwendig Zwischenlösung handeln, die zugleich einen tiefen Einblick in das vermittelt, was die Auffassung sein mag. Die Frage ist, ob wir das anders aufklären können, was Husserl mit den idealen Gegenständen aufklärt. Wo ist der gemeinsame Ausgangspunkt? Wo trennen sich die Wege?

[11] Unser Überblick über die Gegenstände mag nun einigermaßen vollständig sein, es fehlt aber noch die Sprache und was mit der Sprache zusammenhängt. Wir kommen aber schon in die Nähe der Sprache mit unserem Versuch über Meinung und Auffassung. Wir meinen etwa, daß jeder Blick in die Welt, in dem etwas aufgefaßt wird, etwas gemeint wird, von Urteilen begleitet ist oder von irgendetwas begleitet ist, was sich ohne Änderung des Wesentlichen in Urteil überführen läßt. Wir meinen sogar, daß die Rede vom Urteil in der „Auffassung" oder „Meinung" in der Wahrnehmung oder in sonst auftauchenden Gegenständen ihre letzte Grundlage hat. Wir müssen diese letzte Behauptung allerdings im einzelnen nachprüfen in sämtlichen Bereichen, die wir aufgewiesen haben. Wenn wir mit den Wozudingen beginnen, so liegt es hier wohl auf der Hand, daß jedes Umschauen mit den auftauchenden Dingen eine Art Urteil über die Dinge mit sich führt. Wir wollen dabei die Frage offen lassen, ob es vielleicht ein Hineinstarren in die Welt gibt, bei den man von Urteilen nicht mehr reden kann. Sonst meinen wir, daß nach alter Sprechweise die Wahrnehmung der Wozudinge von Urteilen begleitet ist, oder viel-

leicht besser Urteile in sich enthält. Wenn wir genau sein wollen, müssen wir allerdings Wahrnehmung in unserem Sinn zugrunde legen, also Wahrnehmung mit Vorstellung der Vergangenheit. Es bedürfte dabei einer besonderen Untersuchung, wie sich die uninteressierte Wahrnehmung zu einer untersuchenden Wahrnehmung verhält. Außerdem müßte man unterscheiden, wie sich inadäquate Wahrnehmung zur adäquaten Wahrnehmung verhält. Jede Wahrnehmung enthält mehr oder weniger Leerstellen, die entweder nur darauf warten, ausgefüllt zu werden oder deren Ausfüllung nicht ohne weiteres möglich ist. So mag ich Ungenauigkeiten in der Wahrnehmung schnell beseitigen können, während Einblick in die Struktur des Inneren schwerer zu beschaffen ist.

Im übrigen ist mit der Einreihung in die Gattung oder nach unserer Sprechweise mit der Einreihung in die Reihe schon ein Reichtum von Auffassungen gegeben, deren Inhalt und Konstitution schwer zu beschreiben ist. Wir möchten hier nicht von Wissen und Erinnerung reden, sondern all dies in „Auftauchen" und Auffassen unterbringen. Wir müssen dabei ständig auf die Geschichten zurückgreifen und auf das Sein der Geschichten in den verschiedenen Formen, etwa auf das Sein der eigenen Geschichten, auf das aktuelle Sein, auf das vergangene Sein, auf das zentrale Sein, auf das peripherische Sein, auf das Sein der Fremdgeschichten. Dies führt uns weiter in die Zusammenhänge, die hier vorliegen, hinein als Erinnerung und Wissen.

Bei den Wozudingen taucht mit den Dingen mehr oder weniger eindringlich das Eigentum auf. Eine fremde Sache ist für mich etwas anderes als eine eigene Sache. Dies ungeheure „Wesen", welches mit den Wozudingen auftaucht, ist nur über Geschichten zugänglich. Entsprechend diesen Überlegungen lassen sich bei den anderen Gegenständen oder bei dem anderen, was auftaucht, Überlegungen anstellen, insbesondere bei dem Stoff und dem Menschen.

Bei all diesen Überlegungen, ist es wichtig, zu unterscheiden, das als Selbst Auftauchende von dem Errechneten. Das Errechnete braucht dabei nicht mit dem Vermuteten zusammen fallen, es kann so sicher sein, wie das als Selbst Auftauchende.

Der Wissenschaft gelingt es vielfach, das, was zunächst nur errechnet ist, mehr oder weniger sichtbar zu machen, wie etwa das Atom oder die Moleküle oder die Lichtwellen oder die Zerlegung des Lichtes. Hierbei wird es sich immer um Fortführung von alten Auffassungen handeln. So schreitet man etwa von den hörbaren Tönen zu den nicht mehr hörbaren Tönen fort, oder von den sichtbaren Lichtstrahlen zu den nicht mehr sichtbaren Lichtstrahlen mit der Möglichkeit, die Grenzen zu verschieben.

So schreitet man von der Teilbarkeit einer Sache, eines Wozudinges oder eines Stoffes in einer Reihe fort zu immer kleineren Teilen mit der Frage, ob man dabei jemals an ein Ende gelangt. Auf diese Weise kommt Atom und Molekül in den Gesichtskreis. Von hier aus eröffnen sich wieder neue Reihen. Die Aggegratzustände, die schon lange bekannt waren, konnten mit Hilfe der Atome und Molekühle näher erklärt werden. Bei den Stoffen lernte man den Unterschied von einfachen und zusammengesetzten Stoffen, von den einfachsten Fällen zu den schwierigsten Fällen. Damit in Verbindung stand wieder das Gewicht des Stoffes. Auch hier ergaben sich Reihen, von den leichtesten Stoffen bis zu den schwersten Stoffen, und zwar einfache Reihen bei einfachen Stoffen, schwierigere Reihen bei zusammengesetzen Stoffen. Diese Reihen und ihre Verbindung und die zwischen ihnen stehenden Zusammenhänge treten abgekürzt oder unsicher schon bei der einfachsten Herstellung der Wozudinge auf. Ihre Verfolgung führt schon in die Nähe der Naturwissenschaft. Dabei wird man immer auseinander halten müssen das Auftreten der Gegenstände, ihre Beziehungen und Eigenschaften in ihrem Selbst und die lediglich errechneten Entsprechungen.

Wenn man auf diesem Gebiet etwas sicherer werden will, wird man die geschichtliche Entwicklung von der ersten Herstellung der Wozudinge bis zur heutigen Technik und der damit zusammenhängenden Wissenschaft verfolgen müssen und die Bedeutung der Reihe oder nach altem Sprachgebrauch der Gattung in diesem Zusammenhang. Reihen oder Gattungen existieren schon lange, die entsprechenden Ausdrücke werden schon lange mit Sicherheit gebraucht, bevor die inneren Zusammenhänge und Verbindungen im ganzen bekannt geworden sind. Die Reihen gründen sich zunächst vielfach auf Bruchstücke oder auf Vermutungen, auf Wahrscheinlichkeiten. Alles was aber mit dem Gegenstand an Reihenähnlichem auftritt, tritt auf auf Grund einer Auffassung. Mit dieser Auffassung beschäftigt sich die Logik, ohne es zu merken. Damit sind wir bei der Verbindung von Satz und Auffassung angelangt, oder bei der Verbindung von Sprache und Auffassung. Die andere Frage ist die Frage nach der Beziehung zwischen Auffassung und Geschichte. Anscheinend liegt die Sache so, daß in Geschichten Gegenstände aufgefaßt werden, daß aber die Geschichten selbst auch wieder aufgefaßt werden. Dabei tritt aber immer störend dazwischen, daß wir in Geschichten verstrickt sind, und zwar nicht aufgrund einer Auffassung, sondern ursprünglich. Allerdings bedarf dieses Ineinandergreifen von Auffassung und Geschichten noch einer Nachprüfung. Eine Geschichte, in die wir verstrickt sind, kann anscheinend wohl anfangen mit einer Auffassung, die ihrerseits auch wieder mit Geschichten zu tun hat, aber doch im Anfang den Geschichten, in die ich verstrickt bin, fernstehen kann.

In diesem Zusammenhang bedarf auch das Vorkommen in Geschichten noch einer Nachprüfung. Das Vorkommen in Geschichten kann sich gründen auf Entdeckungen, die in Geschichten gemacht sind. Diese Entdeckungen können einen Charakter zeigen, der dem Wozudingcharakter ähnlich ist. Man könnte sie vielleicht direkt als Wozudinge auffassen.

Mit diesen Überlegungen haben wir das wundervolle, einfache, platonische Gebäude ins Wanken gebracht. Was wir an die Stelle setzen, ist unendlich viel komplizierter. Dies tritt besonders bei den Zahlen zutage. Wir „sehen" die Zahlen nicht, wir haben aber auch kaum etwas zu bieten, was die Zahlen als ideale Gegenstände ersetzt. Hier fassen wir also nicht etwas anders auf als die überkommene Lehre, sondern wir lösen die Zahlen zunächst in Nichts auf. Sätze wie 2 und 2 ist 4, oder Sieben ist eine Primzahl, sind für uns sinnlos und gegenstandslos. Wir müssen weit ausholen, um eine Grundlage für eine Diskussion mit den Vertretern dieser Sätze zu finden. Die Sache ist noch viel schwieriger als bei der Einreihung eines Wozudinges oder des Menschen in die Diskussion oder bei Mensch und Tisch als Grundlage der Diskussion. Ähnlich mag es sich bei den Gegenständen der Geometrie verhalten, wenn auch nach unserer Meinung das Dreieck im wirklichen Raum, wenn wir so sagen dürfen, in näherer Beziehung zum geometrischen Dreieck steht, als die Zahlen des Einmaleins zu den Gegenständen der Algebra.

Unsere Überlegungen verlangen insofern nach einer Ergänzung, als wir einen Blick auf die historische Entwicklung der Auffassung oder der Meinung oder des Meinungsgegenstandes werfen müßten.

Im gewissen Sinne scheint diese Aufgabe am leichtesten lösbar zu sein bei den Wozudingen. Die Wozudinge sind das Produkt einer Zeit. Die Menschen wissen, in welchem Zusammenhang sie sich die Arbeit mit der Herstellung des Wozudinges gemacht haben können. Das Wozu steht so klar vor ihnen, wie kaum etwas anderes. In weiterem Zusammenhang kann allerdings das Werk, das Wozuding, mehr oder weniger sinnlos oder verfehlt sein. Beispiele dazu sind nicht schwer zu finden.

Schwieriger kann es schon sein, sich mit der Wozudingqualität eines Wozudinges aus einem anderen Kulturkreis bekannt zu machen, oder wie man das sonst ausdrücken will. Immer bleibt aber der große Unterschied, daß das Wozuding der Auffassung weniger Schwierigkeiten entgegensetzt als der Stoff, wenn dieser und soweit er, abgesehen von seiner Beziehung zum Wozuding, noch „etwas" ist.

Wenn man aber auf das Einzelne geht, dann ist die Wozudingqualität auch schon verschiedenen Auffassungen ausgesetzt. Man hat vielleicht Fragen, die nur der Meister beantworten kann, und die selbst dieser nicht zu beantworten weiß. Wenn man unter diesem Gesichtspunkt den Stoff selbst prüft, so sind wir schon kurz darauf eingegangen, wie die Auffassung des Stoffes sich im Laufe der Zeit ändert. Wir würden sagen, daß sich der Meinungsgegenstand Stoff ändert. Mit diesem ändern sich auch die Beziehungen des Stoffes, die wir ebenfalls schon kurz besprochen haben. In der Naturwissenschaft ist diese Änderung der Auffassung vom Stoff ausführlich behandelt; wir möchten nicht sagen, daß wir mit dieser Änderung der Auffassung einer Wirklichkeit näher kommen. Wir würden eher sagen, daß der Meinungsgegenstand sich ändert und daß das Weltbild als Ganzes mit dieser Änderung durchaus nicht verständlicher zu werden braucht.

[12] Noch schwieriger ist die Anwendung der Theorie von der Auffassung auf den Menschen. Man müßte da vielleicht unterscheiden die Auffassung, die der Mensch von sich selbst hat, von der Auffassung, die er von anderen hat. Dabei wird es wieder einen Unterscheid machen, ob dieser andere ihm näher oder entfernter steht. Hier taucht schon die Frage auf, ob der Mensch in der Auffassung als „eine" Gattung gilt oder ob er sich in mehrere Gattungen oder wenigstens Unterabteilungen von Gattungen mit beträchtlichen Unterschieden aufteilt. Nach unserer Meinung führt der Zugang zu dieser Frage oder zu diesen Fragen nur über Geschichten, über eigene Geschichten und über Fremdgeschichten. Wenn wir die Frage aber so allgemein stellen, kommen wir mit den einzelnen Privatgeschichten nicht aus, sondern wir müssen die Geschichten hinzunehmen, die sich weit über den Einzelnen erstrecken, die Geschichten die anscheinend im privaten Recht, im öffentlichen Recht, in Sitte, in Kultus und kurz im ganzen sozialen Leben geregelt sind. Wir haben uns schon einmal Gedanken darüber gemacht, wie auch diese Bereiche nur unter dem Gesichtspunkt von Geschichten aufgeklärt werden können, allerdings über Geschichten, die sich über viele Generationen erstrecken, und in denen hervorragende Persönlichkeiten den Geschichten oft ein Sondergepräge geben können.

Diesen Geschichten gegenüber und den Menschen, um die er sich bei ihnen handelt, gegenüber gibt es sicher viele verschiedene Auffassungen und zwar sowohl Auffassungen der Betroffenen selbst, als auch Auffassungen der näheren oder entfernteren Umgebung, wobei wir bei Umgebung zeitliche Umgebung verstehen wollen.

Man kann sehr leicht diese Auffassungen von Geschichten, die wir hier behandeln, mit Wertung verwechseln. In jeder Auffassung kann eine Wertung enthalten sein. Die Wertung macht aber nur ein Moment in der Auffassung aus.

Wenn wir mit dieser Auffassung vom Menschen und von den Geschichten, in die er verstrickt ist, einige Proben machen, so sind zum Beispiel die Geschichten Homers den Geschichten der Folgezeiten im Abendlande so verwandt, daß ohne weiteres eine einheitliche Auffassung festzustellen ist. Wir meinen hier in erster Linie die privaten Geschichten, etwa die Grabrede Helenas, oder der Gang des alten Priamos zum Achill. Dies bedeutet nun nicht, daß sich solche Geschichten auf der ganzen Erde wiederholen können, sondern diese Geschichten und was in ihnen zutage tritt, mögen in nächster Beziehung stehen zur Gegenwart und doch das Ergebnis von vielen tausend Jahren Kultur sein, deren letzter Ausdruck das Verhältnis der hier beteiligten Persönlichkeiten ist. Aber auch mit dieser Einschränkung wird die Auffassung dieser Geschichten selbst bei den nicht Beteiligten noch verschieden sein und sich verschieden in der Gesamtauffassung äußern.

Wenn uns solche Geschichten aus anderen Kulturkreisen begegnen, so kann schon das erste Verständnis Schwierigkeiten bereiten. Auf jeden Fall bleibt die Auffassung unsicher.

Ähnliche Betrachtungen kann man anstellen über Recht, Staat, Volk, Religion. Die Geschichten, die damit zusammenhängen, können für den Kreis, dem sie entsprungen sind, so selbstverständlich sein, wie sie einem anderen Kreis fremdartig, widerspruchsvoll erscheinen. Wir denken dabei an die Sklaverei, an die Einrichtung der Familie, an Vielweiberei. Hier mag auch die Frage auftauchen, ob man überhaupt diese Geschichten und die Einrichtungen, mit denen sie im engsten Zusammenhang stehen, auch in gewisser Weise mit den Wozudingen in Beziehung setzen kann. Sicher könnte man die Parallele zu den Wozudingen weitgehend auszuführen versuchen. Die Summe der Wozudinge, die wir von den Vorfahren ererbt haben, reizt zu einem Vergleich mit den Einrichtungen von Recht, Sitte, Moral, Religion. Die beiden Bereiche können sich auch überschneiden, wie etwa bei den Gotteshäusern oder bei den Palästen und auch bei anderen Häusern. Hierbei wird besonders lebendig, wie die Wozudinge in Verbindung zu den Geschichten stehen. Die Verbindung erschöpft sich nicht in der körperlichen Herstellung der Wozudinge, sondern führt weit darüber hinaus in die Planung hinein, in die Notwendigkeit der Errichtung.

[13] Bei dem Suchen nach den aufgefaßten Gegenständen kommen wir zuletzt zu den Sternen. Hier ist es schwierig zu sagen, inwieweit von Auffassung die Rede sein kann. Soll man dabei mit den einzelnen Sternen anfangen oder mit dem Sternenhimmel? Selbstverständlich beginnen wir mit dem Phänomen, wir sind und aber durchaus nicht sicher, ob dies Phänomen eindeutig ist. In gewissen Sinne mag der Sternenhimmel Homers und der Sternenhimmel Kants derselbe Himmel sein, doch beginnt dann sofort im Horizont die Abweichung. Homer kommt über den Sternenhimmel zu den Göttern, während Kant über den Sternenhimmel zu Newton kommt. Die Pracht und Erhabenheit des Sternenhimmels wird bei beiden ähnlich sein.

Können wir nun weiter fragen, was die einzelnen Sterne bei beiden sind und was die Sternbilder sind? Kann man die einzelnen Sterne, wie Homer sie sieht oder wie Kant sie sieht, sozusagen herausnehmen aus dem Sternenhimmel gleichsam als Teile und für sich betrachten. Ist ein solches Verfahren möglich bei allen Sternen oder nur bei den Sternen großer Leuchtkraft oder bei den Sternen der Sternenbilder? Es wird wohl sehr schwer sein, die einzelnen Sterne am Himmel der Sterne für sich abzusondern. Man wird sie auch nicht wiedererkennen, wenn man nicht ihre Stellung im ganzen als Hilfe nimmt. Selbst die verschiedene Leuchtkraft der Sterne wird für sich nur zu ganz ungefähren Festlegungen führen.

Es wird auch unmöglich sein, über die einzelnen Sterne etwas Näheres auszusagen oder wie man das sonst ausdrücken will. Die Vergleiche mit irdischem Gebilden führen kaum weiter. Selbst der Vergleich mit einem Licht ist ganz unsicher. Man könnte sogar sagen, daß die Unsicherheit in der Festlegung der einzelnen Sterne mit zum Charakter der Sterne oder einfacher mit zu den Sternen gehört. Jeder einzelne Stern nimmt teil an der Weite des Sternenhimmels, die wieder in Zusammenhang steht, mit der gleichsam unendlichen Entfernung, in welcher sich der Sternenhimmel von uns befindet. Dieser eigenartige Zusammenhang verbietet uns auch, ohne weiteres davon zu reden, daß die Sterne sich im Raum befinden, daß zwischen uns und den Sternen sich ein einheitlicher Raum befindet oder auch nur ein einheitlicher Raum auftaucht.

Die Sterne befinden sich nicht im Raum mit uns, wie sich die einzelnen Dinge unserer Umgebung im Raum befinden. Ein Merkmal dieses Unterschiedes ist die Perspektive, in der die Dinge unserer Umgebung auftauchen. Diese Persperktive wird, wenn man so sagen darf, schon bei entfernten irdischen Gegenständen verschwommener, sie findet aber am Sternenhimmel überhaupt nichts Entsprechendes.

Man könnte auch noch versuchen, den Sternenhimmel in Beziehung zu setzen zu dem blauen Himmel eines Sommertages. Ein solcher Vergleich würde aber mehr auf eine Spielerei hinauslaufen. Wenn wir allerdings den blauen Himmel aus der Tiefe eines dunklen Schachtes betrachen, so tauchen mehr oder weniger unvermittelt Sterne auf. Dies Auftauchen ist aber wohl ebenso wunderbar wie das Auftauchen des Sternenhimmels am Abend oder in der Nacht. Wir haben uns nur an dies Wunder so gewöhnt, daß es uns gar nicht mehr auffällt.

Wir haben soeben von Homer und Kant gesprochen. Unsere Aufgabe ist im Augenblick, das Auftauchen des Sternenhimmels vom Beginn der Menschheit an bei allen Völkern und Rassen, bei Kindern und alten Leuten zu verfolgen. Wir meinen, daß sich da mit mehr oder weniger Sicherheit etwas wie ein Kern herausschält, allerdings müssen wir sofort feststellen, daß etwa ein Seemann oder ein Angehöriger eines Naturvolkes sich am Sternenhimmel besser zurecht finden, als ein Durchschnittsmensch unserer Zeit. Wenn wir so reden, haben wir den Sternenhimmel schon mit dem festen Gang der Gestirne von abends bis morgens im Auge, den Sternenhimmel, den wir meistens nur aus Büchern kennen. Dazwischen mag der Sternenhimmel der Babylonier und der Ägypter liegen, wenn wir berücksichtigen, daß der Sternenhimmel unserer Generation Anschluß an Newtons Sternenhimmel hat.

Der nächste Schritt wäre nun die Entwicklung dieses Sternenhimmels, dessen erstes Auftauchen wir festzuhalten versucht haben, zu dem Sternenhimmel Newtons zu verfolgen. An diese Aufgabe können wir uns noch nicht heranwagen, solange wir nicht eine Vorstellung über das Auftauchen von Welt gewonnen haben.

Uns ist aufgefallen wie die Philosophen und die Gelehrten bis auf unseren Tag von Welt reden, als ob sie wüßten, was Welt wäre, und damit von einem festen Platz aus die Welt erklären könnten. Wir sind in der Beziehung vollständig hilflos und wissen nicht, wo die Welt auftaucht und wie sie ausschaut und was sie sein mag. Vielleicht ist das Auftauchen von Welt so selbstverständlich, daß man über das, was Welt ist, kein Wort zu verlieren braucht. Soviel ist doch wohl klar, das

Ganze, was uns umgibt, in dem wir uns befinden, was von jeher war
und immer sein wird, ist Welt als Einheit. Zu dieser Welt gehören auch
die Lebewesen, gehört auch der Mensch. Diese Welt ist ständig gegenwärtig. Sie ist nicht abhängig davon, daß sie wahrgenommen oder
vorgestellt wird.

[14] Es ist richtig, daß die Vorstellung von der Welt sich im Laufe
der Zeit ständig ändert. Immer ist aber wohl Vorstellung von Welt als
ein Ganzes schon in den Anfängen der menschlichen Entwicklung vorhanden. Was im Laufe der Entwicklung bleibt und was sich ändert,
läßt sich im einzelnen nicht einfach bestimmen, möglicherweise gehört aber in einem gewissen Sinne diese Änderung wieder mit zur
Welt. Das wäre allerdings wieder eine merkwürdige Behauptung.

Wir versuchen unsere jetzige Untersuchung über Welt einzureihen
in unsere Untersuchung über Auffassung und Meinungsgegenstand.
Dann ist die Welt das Grundlegende von allem, was auftaucht. Die
Welt umfaßt auch alles, was auftaucht. Sie scheint sogar in allem, was
auftaucht, schon mit enthalten zu sein. Dabei ist es schwer zu sagen,
wo sie denn eigentlich steht bei allem, was auftaucht, ob vorne oder
in der Mitte oder im Horizont, ob oben oder unten, ob rechts oder
links. Vielleicht ist es richtig zu sagen, daß mit jedem Etwas schon
Welt auftaucht und so selbstgegenwärtig ist wie das Etwas, oder verständlicher gesprochen, wie der Gegenstand, wie das Ding. Diese Welt,
die auf diese Art gegenwärtig ist, ist aber nur als gemeinte Welt gegenständlich. Dies ist kein Mangel an dem Gegenwärtigsein, sondern
diese Art des Gegenwärtigseins teilt die Welt mit allem, was sonst
gegenwärtig ist.

Man könnte nun zunächst versuchen, dem Meinungsgegenstand
Welt näher zu kommen, indem man die Entwicklung dieses Meinungsgegenstandes verfolgt, die Entwicklung von Homer bis Einstein. Wenn
wir nicht glauben, daß mit Einstein eine letzte Stufe erreicht ist, in der
sich Meinungsgegenstand und Wirklichkeit decken, so hat die Verfolgung der Entwicklung des Meinungsgegenstandes nicht die Bedeutung, die man ihr sonst zuschreiben möchte.

Die Bedeutung der Änderung der Weltauffassung kann wohl nur
geklärt werden im Zusammenhang mit anderen Änderungen der Auffassung von anderen Gebilden, obwohl wieder das Gebilde Welt eine
Sonderstellung einnehmen mag.

Die erste Schwierigkeit liegt wohl schon im Verhältnis von Welt und
Geschichten. Im Alten Testament und bei Homer oder bei den alten
Griechen fängt die Welt mit Geschichten an, mit offensichtlichen Ge-

schichten. Allerdings müßte das Verhältnis dieser Geschichten zur Welt noch näher geprüft werden. Nur soviel kann man sagen, man kann sich diesen Welten nur nähern über Geschichten, oder wenn dies für den Anfang zu viel gesagt ist: man kann sich diesen Welten nähern auch über Geschichten. Wie Adam und seine Söhne zum Meinungsgegenstand Welt kommen, das gehört nach dem Alten Testament noch zur Schöpfungsgeschichte. Die späteren Theorien über das Verhältnis von Mensch und Außenwelt, die Theorien über Wahrnehmung, Impressionen, über Licht und Wellen spielen noch keine Rolle. Später gehören diese Theorien wohl alle mit zum Meinungsgegenstand Welt, ob man mit diesen Theorien aber dem Meinungsgegenstand Welt näher kommt, oder ob man damit vollständig in die Irre geht, das muß noch untersucht werden.

Wir halten zunächst versuchsweise daran fest, daß die Welt als Meinungsgegenstand, soweit wir das verfolgen können, in gewissem Sinne identisch bleibt, ohne daß es uns möglich ist, zu sagen, was Welt eigentlich ist, und auch ohne daß wir dies Identische noch näher festlegen können. Nur soviel möchten wir festhalten, daß dies Identische in allen Geschichten vorhanden ist und weiter, daß das, was in unserem Rücken vorhanden ist oder sich ereignet, ebenso dazu gehört, wie das, was sozusagen vor unseren Augen vor sich geht.

Man kann von unserem Standpunkt aus nicht nach dem Verhältnis von Mensch und Welt fragen, weil in den Geschichten, wenn man die Frage überhaupt zuläßt, Mensch und Welt eine Einheit bilden. In jeder Geschichte steht Mensch und Welt im Vordergrunde oder im Hintergrunde. Man kann uns allerdings entgegenhalten, wir müßten nach unserer Art zu arbeiten doch von dem ausgehen, was man bislang unter Welt verstanden hat und heute noch darunter versteht, und daß doch wohl sehr fraglich sei, ob unsere Auffassung von Meinungsgegenstand Welt auch nur in Anklängen bei Homer anzutreffen sei. Das ist ein wichtiger Einwand. Wir können aber nicht mit ein paar Worten darauf eingehen. Nicht einmal dieses ganze Buch wird eine Klärung bringen. Vielleicht kann man sich aber etwas näher kommen, wenn man berücksichtigt, daß wir zwar, um überhaupt anfangen zu können, mit den Einzelgeschichten anfangen, daß aber zu jeder Einzelgeschichte die Wirgeschichte gehört und die Vorgeschichten und die Nachgeschichten. Wenn man dies bedenkt, wird man schon eher auf den inneren Zusammenhang von Welt und Geschichten kommen, obwohl viele schwierige Punkte noch weiter aufzuklären sind.

[15] Wenn man unsere Gedanken über Welt verfolgt, so könnte man

in die Nähe von Kant kommen und die Welt für apriori gegeben ansehen, so wie Kant dies hinsichtlich des Raumes und der Zeit meint. Wir können diese Lehre Kants nicht übernehmen, wohl aber wäre **ein** Versuch lohnend, sich mit Kant auseinander zu setzen, ob das, was er über Raum und Zeit vorträgt, nicht eher auf Welt zutrifft. Wir finden bei Kant allerdings nicht den Meinungsgegenstand Welt, von dem wir ausgehen, doch ist auch das wieder ungenau gesprochen. In gewissen Sinne könnte man vielleicht sagen, daß Kants Lehre van Raum und Zeit doch Beziehung zu den Einzelgeschichten habe, die auch wieder entfernt vergleichbar sei mit den Beziehungen der Einzelgeschichten zur Schöpfungsgeschichte. Vielleicht dürfen wir Kants Meinung so wiedergeben, daß der Mensch mit Raum und Zeit jeden Augenblick Schöpfer von Welt ist, und zwar auch von der Welt, zu der er selbst gehört.

Wir kommen damit in die Nähe eines bedeutsamen Punktes unserer Überlegungen, nämlich auf die Frage, wie sich Welt zu Raum und Zeit verhält. Wir müssen uns dabei aber zunächst vollständig frei machen von Kant. Kants Vorstellungen sind die Vorstellungen der zweiten Hälfte des 18. Jahrhundert. Für Kant ist es natürlich, die Untersuchung mit dem leeren Raum und der leeren Zeit zu beginnen und damit zugleich zur Welt vorzustoßen. Wir fangen viel, viel bescheidener an. Wir versuchen auch das Verhältnis Raum, Zeit, Welt zu klären, aber die Meinungsgegenstände Kants, die er mit diesen Ausdrücken treffen will, stehen bei uns nicht am Anfang, sondern am Ende der Untersuchung, und zuletzt können wir nur sagen, daß wir sie nicht getroffen haben, nicht so getroffen haben, wie Kant es meint.

Wir haben bislang behandelt, was es in der Welt gibt. Wir könnten vielleicht auch sagen, was es in der Welt in der Weise der Anschauung oder in der Weise der Selbstgegebenheit gibt. Wir waren dabei mehr oder weniger offen von dem Menschen ausgegangen, der in die Welt hinaussieht.

Wir wechseln jetzt den Standpunkt. Wir gehen von dem Menschen aus, der ein Buch liest, der die Zeitung liest oder der sich eine Geschichte erzählen läßt, ein Märchen, einen Roman, eine Biographie oder irgendetwas derartiges.

Wer liest oder zuhört, für den breitet sich auch eine Welt aus. Diese Welt wird häufig eine Stelle in der wirklichen Welt haben, sei es in der Gegenwart, sei es in der Vergangenheit und in dieser möglicherweise mit Fortsetzung in die Gegenwart. Man denke etwa vergleichsweise an ein Museum, in dem sich ein Steinbeil und ein Modell des erste Autos befindet.

Soweit die Welt, die über Wort oder Schrift auftaucht, sich mit der wirklichen Welt identifizieren läßt, scheint der Zusammenhang einfach. Wir könnten allerdings fragen, wie es sich weiter mit der Einteilung der Gegenstände, wie wir sie ungefähr vorgenommen haben, verhält. Wir können wohl sagen, daß über Wort und Schrift dieselben Gegenstände oder Etwasse und vor allen Dingen dieselbe Welt uns in einer Auffassung entgegentreten. Wir meinen dabei, daß es in diesem Zusammenhang auf begleitende Vorstellungen, auf begleitende Phantasiebilder kaum ankommen wird. Es besteht allerdings wohl die Möglichkeit, von Wort und Schrift auf Phantasievorstellungen überzugehen und erst recht natürlich die Möglichkeit, nach den wirklichen Gegenständen zu suchen, die den Gegenständen in den Geschichten entsprechen. Die Verhältnisse sind unendlich mannigfaltig. Uns kommt es hier nur darauf an, aufzuweisen, daß das Moment der Auffassung hier so vorhanden ist, wie bei der anschaulich gegebenen Welt. Ein Hauptunterschied scheint darin zu liegen, daß in der Anschauung stets der Gegenstand mit seiner näheren und weiteren räumlichen und zeitlichen Umgebung gegeben ist, während mit dem Wort oder Ausdruck eine schärfere Heraushebung von Gegenstand oder Geschichten aus der Umgebung verbunden ist.

Wenn nur dies Verhältnis der Deckung zwischen der Wortwelt und der wirklichen Welt bestände, so würde dies Verhältnis vielleicht kein großes Interesse beanspruchen. Es wäre allerdings noch zu untersuchen, in welchem Zusammenhang unsere Unterscheidung steht mit der Unterscheidung von wahrgenommener und gedachter Welt. Diese Unterscheidung verliert bei uns an Gewicht, weil die Wahrnehmung von Anfang an von Gedanken überlagert oder mit Gedanken gesättigt ist, während die gedachte Welt immer schon die Abzielung auf die wahrgenommene Welt enthält. Wir meinen ja sogar, daß unsere Lehre von der Auffassung es mit sich bringt, daß wir in jeder Wahrnehmung schon, nach alter Sprechweise unendlich viele Urteile oder Denkakte vorfinden.

Interessant wird für uns das Verhältnis erst, wenn den Worten oder den Geschichten oder den Zusammenhängen, die mit den Worten gemeint sind, nichts in der Welt entspricht.

Wir könnten vielleicht noch unterscheiden den Fall, daß den Worten nichts entsprechen soll von dem Fall, daß sie auf eine Wirklichkeit abzielen. Zwischen diesen Extremen mag es noch viele Zwischenfälle geben.

In einem großen Bereich der Worte oder der Geschichten oder ähnlicher Zusammenhänge ist die wirkliche Welt oder besser die vermeintlich wirkliche Welt die unentbehrliche Grundlage für die Geschichten, so etwa bei jedem Märchen oder jedem Roman oder jeder Erzählung.

Sie mag allerdings in verschiedener Weise Grundlage sein. Auch wird es vielleicht unendlich viele Grenzen dieser Grundlagenbeschaffenheit geben. Hier wäre auch der Fall zu prüfen, daß eine Geschichte Gleichnischarakter hat.

Hier wäre weiter zu prüfen, inwieweit diese Geschichten und ihr Meinungsgegenstand oder ihre Meinungsgegenstände zur vermeintlich wirklichen Welt gehören oder in welchem Verhältnis sie zur solchen Welt stehen. Bei einer solchen Untersuchung würde auch die Dichtkunst viel Aufklärung geben können. Ganz abgesehen davon, daß die Dichtkunst selbst einen Teil der Wirklichkeit bildet oder bilden kann.

An diese Verhältnisse dachten wir eigentlich nicht, als wir darüber schreiben wollten, was es in der Welt nicht gibt oder nicht so gibt. Als wir aber anfingen zu schreiben, merkten wir erst, wie unerschöpflich dieses Thema ist und wie schwer damit weiter zu kommen ist.

Wir werfen zunächst zur Erholung einen Blick auf Plato. Für diesen ist ja gerade die gemeinte wirkliche Welt, die wir in den Mittelpunkt stellen, nur ein Abglanz einer gedachten wirklichen Welt, die in unserer gemeinten wirklichen Welt nirgends erreicht wird; wenn wir meinen, daß wir über die gemeinte wirkliche Welt nie hinaus kommen können und die Frage aufwerfen, was denn wirkliche Welt ohne diesen Zusammenhang mit Auffassung und Meinung überhaupt noch bedeuten könne, so wird vielleicht eine Auseinandersetzung mit Plato, die wir hier aber nicht vornehmen können, unvermeidlich sein. Wir wollen an dieser Stelle auch nicht darauf eingehen, daß auch ein Vergleich mit Kant über Sinn und Gebrauch des Wortes Wirklichkeit und über das, was Auffassung ist, Gewinn bringen könnte.

In unserer Untersuchung über die Welt und was es darin gibt oder nicht gibt, treten uns an dieser Stelle die idealen Gegenstände Husserls und ihre Entsprechungen bei Kant und Plato entgegen.

Die idealen Gegenstände Husserls sind die Gegenstände der Mathematik, insbesondere die Gegenstände der Geometrie und der Algebra, sind die sogenannten allgemeinen Gegenstände, worunter Husserl die Gattungen und Entsprechendes versteht. Vielleicht müßte man auch Husserls Lehre vom Apriori hinzunehmen, insofern als das Apriori den letzten Grund für die Rede von der Struktur der Welt bildet; insbesondere gehört dazu wohl das Verhältnis von Satz und Sachverhalt und von Begriff und Wesen und Gegenstand.

Wir suchen diese idealen Gegenstände vergeblich in unserer Welt. Mit einem solchen Satz können wir es allerdings nicht bewenden lassen. Hier müssen die Einzeluntersuchungen einsetzen. Wir meinen nicht, daß das, was mit dem Phänomen idealer Gegenstand anvisiert ist, mit einer leichten Handbewegung weggewischt werden kann. Wir meinen vielmehr, daß in der Philosophie mit diesen Untersuchungen ein Höhepunkt erreicht ist, der sich aber nicht halten läßt, wenn unsere Lehre von den Geschichten richtig ist. Im übrigen ist eine Auseinandersetzung im Einzelnen nötig. Wir haben zunächst die Lehre vom allgemeinen Gegenstand durch die Lehre von den Reihen zu ersetzen versucht. Die Gattung ist nach Husserl ein idealer Gegenstand im Verhältnis zu dem konkreten Gegenstand, der zur Gattung gehört. Davon könnte man wiederum unterscheiden die doppelt oder mehrfach idealen Gegenstände, in deren Bereich schon der Einzelgegenstand, der aber jetzt nicht mehr „konkreter Gegenstand" ist, idealer Gegenstand ist. So soll es etwa bei den Zahlen und bei den Dreiecken und beim Begriff und beim Satz, aber mit immer neuen Schattierungen, der Fall sein.

Nach unserer Meinung ist die schon „aufgefaßte" Welt, welche wieder in engster Beziehung zu den Geschichten steht, und in jeder Geschichte gegenwärtig ist und nur in Geschichten gegenwärtig werden kann, die Grundlage für alle Wissenschaft. Wir sind jetzt an einen Punkt gelangt, in dem wir die Beziehung zwischen dieser Welt und der Algebra näher bestimmen können. Den Anfang zu einer solchen Bestimmung haben wir schon gemacht. Diese Untersuchung müssen wir fortführen. Das geschieht über Etwas, über Menge und Zahl. Wir werden aufzeigen, daß Menge und Zahl nur in Bezug auf Etwas oder Etwasse etwas bedeutet, d.h. daß die Zahl nur innerhalb einer aufgefaßten Welt, und zwar einer in Geschichten aufgefaßten Welt eine Grundlage hat und außerhalb dieser Welt nichts mehr bedeutet. Danach ist die Beziehung der Algebra zur Welt anders als Kant annimmt. Kant will die Zahl ähnlich wie die geometrischen Figuren unterbringen, und zwar in der apriorischen Anschauungsform der Zeit, entsprechend der Unterbringung der Geometrie in der apriorischen Anschauungsform des Raumes.

Während wir die Zahl ohne Zuhilfenahme der Zeit auf der Grundlage der aufgefaßten Welt unterbringen, bedürfen wir für die Geometrie, für die Unterbringung der geometrischen Figuren des Raumes, aber nicht in der Weise wie Kant. In der aufgefaßten Welt mag stets etwas wie Raum auftauchen, aber mit soviel Variationen, daß es schwer fällt, einen gemeinsamen Kern festzuhalten. Mit jeder historischen Auffassung von Welt ändert sich die Auffassung vom Raum und damit die Geometrie und damit eine Grundlage der Wissenschaft von der Natur, soweit diese sich auf die Geometrie stützt. Die Änderung in der Auffassung der Welt bedingt zugleich eine Änderung in der Auffassung von Zeit, gleichzeitig ändert sich auch die Auffassung des Verhältnisses von Raum und Zeit.

Ähnlich verhält es sich mit dem Stoff.

Die positive Welt mit Zeit, Raum, Stoff steht seit jeher als Meinungsgegenstand oder, was ungefähr dasselbe ist, in einer Auffassung in Geschichten, in immer neuer Abwandlung.

Der Ausdruck positive Welt trägt dabei am weitesten. Er schließt die Weltauffassungen, die noch kommen mögen, mit ein. Man kann auch fragen, seit welcher Zeit konnte ein Ausdruck mit diesem Sinne gebraucht werden, also mit dem Sinne, daß die Welt Meinungsgegenstand ist, und daß dieser Meinungsgegenstand Änderungen unterliegt. Homer und die Schriftsteller des Alten Testamentes hätten wohl nicht viel damit anzufangen gewußt. Auch in der neueren Zeit mag die jeweils letzte Auffassung als die eigentliche und richtige Auffassung gelten. So ist für unsere Zeit selbstverständlich, daß die Welt auch ohne lebende Wesen und ohne Menschen Welt ist. Für uns ist das eine ungereimte Vorstellung. Wir können etwa sagen, daß die Welt als Meinungsgegenstand ohne den Meinenden und ohne die Meinung noch nicht wäre oder noch nichts wäre. Wir können dabei statt Meinung auch Auffassung sagen, wobei wir uns vorbehalten, noch zu untersuchen, ob Meinung und Auffassung dasselbe ist. Die Auffassung mag etwa die anschauliche Gegenwart des Aufgefaßten voraussetzen, während die Meinung davon unabhängig sein mag. Die Stellung von Meinung und Auffassung zum Wort oder Ausdruck ist auch nicht genau dieselbe. Das wollen wir vorerst auf sich beruhen lassen.

Die anderen Fragen, welches Verhältnis die Auffassung oder Meinung zu den Geschichten hat, und welche Stellung die Welt, und was damit zusammenhängt, zu den Geschichten hat, ist noch wichtiger. Wir meinen etwa, daß jeden Augenblick bis in den Schlaf und die Träume hinein uns Geschichten, begleitet von leisem Sprechen, umgeben. In diese Geschichten sind wir mehr oder weniger verstrickt und gleichzeitig fassen wir sie auf als Geschichten. Das Verstricktsein bildet aber die Grundlage für die Auffassung. In Wirklichkeit wird das Verhältnis noch komplizierter sein. Wir erinnern daran, daß es etwa hinsichtlich der Verstrickung viele Grade geben mag, von den Geschichten, die uns nichts angehen, die uns langweilen, bis zu den Geschichten, die unser Innerstes aufwühlen. Wenn wir allein uns selbst überlassen sind, so setzen diese Geschichten keinen Augenblick aus.

Wenn sich nun jemand zu uns gesellt und uns Geschichten erzählt, oder wenn wir in einem Buch lesen, so mischen sich neue Geschichten, andere Geschichten zwischen die Geschichten, mit denen wir soeben beschäftigt waren. Hier scheint nun das Verhältnis zwischen den Geschichten, die uns ständig umgeben, und diesen erzählten Geschichten so zu sein, daß bei den erzählten Geschichten etwas wie Auffassung in den Vordergrund tritt. Man könnte fast sagen, daß das Verhältnis vom Verstricktsein und Auffassung sich hier umkehrt. Das ist aber auch wieder nicht richtig, denn der Erzählende knüpft an an meine Geschichten, in die ich verstrickt war. Er kann nicht viel anderes tun, als aus meinen eigenen alten Geschichten eine neue machen. Wie dies im Einzelnen vor sich geht, bedürfte noch einer genauen Untersuchung. Etwas mehr Licht auf dies Verhältnis kann fallen, wenn wir nun eine dritte Art von Auftauchen von Geschichten hinzunehmen, nämlich die Geschichten, die auftauchen, wenn wir in die Welt hinaus sehen, die Geschichten, die mit der Anschauung mehr oder weniger verbunden sind. Wenn wir in einer Stadt durch die Straßen gehen, oder in einem Hotel sitzen, oder an einer Versammlung teilnehmen, so treten wir mehr oder weniger in Berührung mit den Menschen, die uns umgeben oder uns begegnen, d.h.mit deren Geschichten. Das ist im Grunde wohl dasselbe, als wenn uns ein Mensch vorgestellt wird, oder wir sonst eine Bekanntschaft machen.

Bei den Menschen tritt aber die Verbindung von Anschauung, Geschichten und Auffassung nur besonders klar zutage. In Wirklichkeit ist es bei allen lebenden Wesen ebenso und ebenso dann wieder bei den Wozudingen und dem Stoff und allen anderen Meinungsgegenständen, die uns in der Welt begegnen. Anschauung, Auffassung und Geschichten bilden hier eine Einheit.

[16] Darüber, was Menge ist, oder was eine Menge ist, können wir uns leichter verständigen, wenn wir von Welt ausgehen. Menge könnte auch in einem gewissen Verhältnis zu Raum und in einem entsprechenden Verhältnis zu Zeit stehen. Ob wir damit alle „Orte", an denen uns etwas wie Menge begegnet, erschöpft haben, lassen wir hier dahingestellt. Wir werfen bloß die Frage auf, ob die idealen Gegenstände im Sinne Platos oder Husserls, also etwa Zahlen, Dreiecke, Quadrate, Kreise, vielleicht auch Begriffe und Gattungen, Mengen bilden könnten, ohne direkte Beziehung zur Welt oder jedenfalls in

anderer Beziehung zur Welt, als das, was es in der Welt gibt.

Wenn wir die Untersuchung hierauf zunächst beschränken, also nach unserem Versuch über das, was es in der Welt gibt, auf Dinge, Gegenstände und schließlich auf das umfassenste, auf Etwasse, so schließt jedes Etwas schon in sich eine Auffassung oder ist es schon in anderer Sprechweise ein Meinungsgegenstand. Die Auffassung oder Meinung ist untrennbar mit dem Etwas verbunden. Es ist dabei einerlei, ob der Meinungsgegenstand ein Mensch, ein Tier, eine Pflanze, ein Schiff, ein Felsblock, ein Acker oder ein Ton, oder ein Farbfleck ist. Dagegen werden wir vorsichtig sein müssen, wenn wir beim Atom oder beim Inhalt des Atoms von Mengen reden. Es steht hier nicht ohne weiteres in unserer Macht, willkürlich Mengen zu bilden oder zur Anschauung zu bringen, wie uns das etwa bei Erbsen- oder Weizenkörnern möglich ist. Davon unabhängig würde aber Meinung oder Auffassung auch in diesen Gebieten, und zwar hinsichtlich der Etwasse, grundlegend sein für die Auffassung von Mengen, so daß also bei Mengen, wo immer sie auftauchen, eine doppelte Auffassung vorliegt, nämlich die Auffassung der einzelnen Etwasse als Einzeletwasse und die Auffassung der Menge als Menge. Am einfachsten ist dabei die Auffassung von Räumlichkeiten und Gegenständen und zwar von Körpern als Menge. Es gibt sicher außerhalb dieses Bereiches auch Mengen, z.B. Mengen von Lichtflecken, Mengen von Schatten, Mengen von Tönen, Mengen von Wellen, Mengen von Sternen, aber die Rede von Mengen ist hier nicht überall gleich sicher. Man könnte etwa sagen, die Rede von Mengen ist im Bereich der deutlichen Wahrnehmung am sichersten. Die Wahrnehmung von Mengen, d.h. die deutliche Wahrnehmung von Mengen setzt schon deutliche Wahrnehmung von Einzelgegenständen voraus. Dieser Satz mag allerdings fraglich sein. Die deutliche Anschauung einer Menge als Menge ist doch wohl möglich ohne deutliche Anschauung der Einzelgegenstände.

Kann man von Mengen auch reden bei Etwassen wie sie hintereinander in Zeit auftreten, etwa von der Menge der Menschen seit der Steinzeit?

Man kann die Frage aufwerfen, wie man Mengen umgrenzen kann. Die konkreten Gegenstände führen ihre Grenzen mit sich. Wenn man die Menge der Einzelgegenstände nach der Gattung bestimmt oder nach unserer Sprechweise nach der Reihe, so ist die Menge auch wieder bestimmt. Die Menge hat dann allerdings keine zeitlichen Grenzen, weder nach der Vergangenheit, noch in Richtung auf die Zukunft. Wenn man von der Zukunft absieht, so ist durch die Gattung die Menge bestimmt. Man kann von dieser Menge auch ohne Umstände auf die jetzt in der Welt vorhandene Menge kommen. Hiernach würde der Mensch überhaupt alle Menschen umfassen, die bisher gelebt haben und in Zukunft leben werden. Entsprechend könnte man die Zukunft ausscheiden und dann auch noch die Vergangenheit ausscheiden. So käme man auf einfache Weise zu festen Mengen. Dies wäre allerdings ein recht äußerliches Verfahren mit vielen näheren oder ferneren Voraussetzungen. Oder mit anderen Worten, die Bildung dieser Mengen und die Auffassung dieser Mengen kann zwischen Oberflächlichkeit und Tiefe derart schwanken, daß man zum Schluß der Untersuchung sagen muß, es sei unsicher, wie weit man das Wesentliche erfaßt habe. So mag zur Menge gehören das Verhältnis der Generationen, so mag zur Menge die Vererbung gehören. So mag man die Frage aufwerfen können, ob eine Menge von Menschen dasselbe ist wie eine Menge von Fahrrädern oder von Kugeln an der Rechentafel, rein als Menge genommen. Kann man Mengen auf diese Art bilden?

Wir haben früher schon das Verhältnis von Wort oder Ausdruck und Geschichte untersucht. Dabei wurde schließlich das Wort für uns die Überschrift über eine Geschichte. Hier könnten wir unsere jetzige Überlegung anknüpfen. Wir würden dann zunächst etwa sagen, bei unserer Untersuchung über das, was die Menge ist, kommt es auf das Sachliche nicht mehr an. Wir möchten uns aber doch eine Prüfung vorbehalten, ob tausend Schafe, tausend Nächte, tausend Jahre, tausend Wolken, tausend Gewitter, tausend Gedanken, tausend Urteile, tausend Zahlen, tausend Gleichheiten, tausend Verschiedenheiten, tausend Kilometer, tausend Sterne im selben Sinne tausend verwenden, wobei wir tausend etwa gleichwertig mit Menge setzen.

Man könnte etwa erwidern, wenn wir das untersuchen wollen, was Menge ist, oder was tausend ist, so kommt es nicht darauf an, was gezählt wird und was zusammengefaßt wird. Man könnte aber auch sagen: Es kommt gerade darauf an, und zwar maßgeblich, denn es gibt nur eine begrenzte Möglichkeit der Bildung von Mengen, vielleicht müßte man allerdings sagen, der sinnvollen Bildung von Mengen. Was bedeutet eine Menge von tausend Menschen, tausend Nächten, tausend Gewittern, tausend Kilometern, tausend Sternen? Können solche Mengen in Geschichten vorkommen, etwa so, daß der, welcher solche Ausdrücke zusammenfaßt, ins Irrenhaus kommt, oder auch so, daß die Zusammenfassung dieser Ausdrücke mathematisch eine gewisse Bedeutung hat.

Wir könnten noch untersuchen, in welchem Zusammenhang die Auffassung von Einzelgebilden oder Einzeletwassen die Voraussetzung für die Bildung von Mengen ist. Im Gebiete des Räumlichen begrenzt die Auffassung das Aufgefaßte und hebt es damit aus der Umgebung heraus, macht es zu einem eigenen Gebilde. Dies Gebilde kann schwer faßbar sein oder auch fast existenzlos, wie ein Lichtschein, oder wie ein Schatten, oder wie ein Blitz. Es kann aber auch die feste Existenz eines Wozudinges oder eines Lebewesens haben, bei denen man wieder untersuchen kann, was Ganzheit, Einheit, Identität, Alter, Dauer bedeutet. Je selbstständiger und fester ein Gebilde ist, desto mehr ist es geeignet, die Grundlage für eine klare Rede von Menge zu bilden. So mag es sinnvoll sein, sich über die Menschen, die jemals existiert haben, in der Richtung der Zusammenfassung zu einer Menge, Gedanken zu machen, wenig sinnvoll mag es dagegen sein, sich über die Schatten, die es jemals auf der Erde gegeben haben mag, Gedanken zu machen. So mag es unseren Vorfahren witzlos erschienen sein, sich über die Menge der Sterne Gedanken zu machen, während wir stolz auf solche Gedanken sind. Hinsichtlich der Einzelgebilde, welche die Grundlage für die Rede von der Menge bilden, können wir noch weiter fragen, ob auch Teile von diesen Einzelgebilden wieder eine solche Grundlage bilden können. Dabei wäre wohl Voraussetzung, daß zunächst das ganze Gebilde als Einheit aufgefaßt würde, und daß in diesem Einzelgebilde wieder Teile eine Auffassung zulassen, welche die Teile wieder als Einzelgebilde auftreten läßt. Ist eine solche Auffassung z.B. möglich hinsichtlich der anhaftenden Farbe, mit der ein Gegenstand erscheint? Zweifellos ist dies wohl der Fall. Ist dies aber auch der Fall hinsichtlich von Teilen dieser Farbe? Wenn die Farbe selbst aufgeteilt ist, etwa durch Striche in anderer Farbe, so bilden diese Unterteile wieder die Möglichkeit oder die Grundlage für eine Zusammenfassung zu einer Menge. Wie ist es aber, wenn die Farbe gleichmäßig eine größere Fläche bedeckt? Hier wird es wohl zweifelhaft, ob und wie Einzelstücke dieser farbigen Fläche Grundlage für die Rede von Einzelgebilden einer Menge bilden können. Wir wollen die Frage hier nur aufwerfen, ohne sie weiter zu behandln.

Aufgrund unser bisherigen Überlegungen wird man folgendes unterscheiden können: Im Hinblick auf unsere Welt wird man reden können von der Menge aller Einzelgebilde, die es in dieser Welt gibt. Die Rede ist noch nicht ganz eindeutig, man wird sie aber über Klippen und Riffe weitgehend mit einiger Sicherheit verfolgen können. Man wird sie z.B. auch auf den Bereich der Erde innerhalb der Welt einschränken können, man wird bei der Frage auch berücksichtigen müssen, unter welchem Datum sie gestellt wird. Man wird vielleicht all die Fragen noch stellen müssen, die wir schon erörtert haben. Auf diese Fragen kommt es uns in unserem Zusammenhang nicht an, sondern wir fragen nun weiter, kann man nun neben der Frage nach den Einzelgegenständen auch die Frage nach der Menge oder nach den Mengen der Mehrheit von Einzelgegenständen aufwerfen. In gewissem Sinn sind solche Fragen verhältnismäßig einfach zu verstehen und zu beantworten, wenn man etwa unter Mehrheit von Einzelgegenständen etwas wie Gattung oder Reihe versteht. Schwieriger ist schon die Auseinandersetzung mit der Frage, wenn man unter Menge einfach die beliebige Zusammenfassung von zwei oder mehr Einzelgebilden verstehen will. Man kann dann nämlich nicht einfach die Frage beantworten, ob es mehr Mengen (Mehrheiten) von Einzelgebilden gibt, als es Einzelgebilde gibt. Man kann diese Frage sogar leicht beantworten, es muß mehr Mehrheiten von Einzelgebilden geben als Einzelgebilde.

Wenn man sich soweit klar geworden ist über die Menge der Einzelgebilde und die Menge der Mengen von Einzelgebilden, so kann man die Frage stellen, ob zu der Menge der Mengen auch wieder die erste Menge gehört. Man kann scharf auseinanderhalten die Menge der Einzelgebilde und die Menge der Mengen von Einzelgebilden. Die Menge der Einzelgebilde umfaßt sämtliche Einzelgebilde. Im Unterschied von dieser Menge müßten wir eine Menge, welche nur einen Teil dieser Einzelgebilde umfaßt, als eine Teilmenge von Einzelgebilden bezeichnen, d.h. diese Teilmenge wäre nur auf einen Teil der Einzelgebilde bezogen, sie wäre aber nirgends direkt auf Mengen bezogen.

Die Menge von Mengen ist nie unmittelbar auf Einzelgegenstände bezogen, sondern nur über die Mengen, in welchen die Einzelgegenstände zusammengefaßt sind. In dieser Zusammenstellung kommt der Ausdruck Menge zweimal vor, aber mit verschiedenem Sinn oder besser, mit verschiedenem Gegenstand. Im ersten Sinn umfaßt er mehrere Mengen, die sich auf Einzelgebilde beziehen. Im zweiten Sinn umfaßt er eben die Mengen, die sich direkt auf Einzelgebilde beziehen. Es ist nichts Besonderes, daß mit demselben Ausdruck in einer Wortverbindung verschiedene Gegenstände bezeichnet werden. Dies kann sich aus der Stellung, aus dem Kasus, oder vielleicht noch aus anderen Andeutungen ergeben. Spreche ich von der Menge der Teilmengen oder, wo kein Mißverständnis möglich ist, von der Menge der Mengen, so ist damit nicht ohne weiteres gesagt, daß mit dem ersten Ausdruck „Menge" wieder etwas gemeint ist, auf das auch der zweite Ausdruck „Menge" zutreffen würde. Wenn ich z.B. über die Zahl der Mengen Auskunft geben soll, so ist der erste Ausdruck „Menge" nicht gleichzusetzen mit dem zweiten Ausdruck. Ich bin nämlich hier offenbar auf die Zahl der Mengen gerichtet, die hier in Frage kommen, ohne daß ich die zusammengefaßte Menge wieder mitzählen darf.

Es macht dabei keinen Unterschied, ob ich nur von einem Teil von Mengen rede, oder ob ich von allen Mengen überhaupt, von allen denkbaren Mengen rede. Wenn ich hier das Wort „denkbar" einführe, so ist damit eine Schwierigkeit aufgezeigt. Unsere Rede von „Menge" hat eine bestimmte Beziehung zur Welt. Was aber Welt ist, ist nicht ganz eindeutig. Sobald man darüber examiniert wird, kommen Unklarheiten zu Tage. Es erhebt sich dann die interessante Frage, ob man von Menge und Menge der Mengen nicht auch ohne Rücksicht auf Welt reden kann. Eine ähnliche Frage erhebt sich bei den Zahlen, die ja wieder in enger Beziehung zur Menge stehen, und damit vielleicht auch zur Welt.

Jedenfalls geben wir dem Ausdruck „Menge" durch die Beziehung auf Welt einen ersten festen Halt. Wenn wir also über Menge der Mengen reden, so steht für uns dabei Welt im Hintergrunde.

Ebenso wichtig in diesem Zusammenhang im Verhältnis zu Menge ist der Einzelgegenstand in der Welt, sein Verhältnis zur Welt und die Auffassung. Wir könnten abgekürzt sagen, die Auffassung, durch die er erst zu einem Einzelgegenstande wird, obwohl auch das wieder mißverstanden werden kann.

Wenn man den Ausdruck Menge der Mengen gewissenhaft untersuchen will, kann man am besten noch auf ähnliche Ausdrücke auf anderen Gebieten verweisen.

Ich kann z.B. den Ausdruck bilden „der Führer der Führer", etwa auf militärischem Gebiet. Dabei ist selbstverständlich, daß sowohl der oberste Führer wie auch die Unterführer Führereigenschaften haben sollten. In diesem Sinn fallen der Führer und die Unterführer in dieselbe Gattung. Trotzdem ist klar, daß der erste Ausdruck „Führer" nicht unter den zweiten Ausdruck „Führer" fällt, sondern sich in einem Gegensatz zu ihm befindet. Wenn ich damit die Frage vergleiche, ob im Ausdruck „Menge der Mengen" der erste Ausdruck gleichzeitig unter sich selbst fällt, so wird das ebenso wenig wie bei unserem Beispiel mit dem Führer der Fall sein. Es ließen sich aber sicher noch treffendere Beispiele finden. Man könnte etwa sagen, der Ausdruck ist beide Male derselbe Ausdruck, er hat auch denselben Sinn. Hat er aber denselben Gegenstand? Wenn ich mir die einzelnen Mengen in der Welt vergegenwärtige, von den einfachsten Mengen, die etwa mit der Zahl zwei oder drei von gleichem Rang sein mögen, bis zu den umfassendsten Mengen, wobei die Einzelgebilde in den verschiedenen Mengen unübersehbar vielfach auftreten können, so komme ich bei meinen Bemühungen schließlich auch auf eine Menge, die als äußerster Fall alle auf der Grundlage „Welt" denkbaren Einzelgebilde indirekt und alle Mengengebilde von Einzelgebilden direkt umfaßt, und zwar jedes Mengengebilde nur einmal enthält. Wenn ich so die einzelnen Mengen – hier muß ich schon sagen in der Welt – überblicke, oder besser, einen vollständigen Überblick über diese einzelnen Mengen habe, so habe ich doch wohl die Menge der Mengen gegenständlich. Und die Frage ist, ob die Gesamtheit der Mengen hier doppelt getroffen ist, und zwar einmal durch den Doppelausdruck „Menge der Mengen", das zweite Mal aber mit der Mehrzahl „Mengen", in welcher als Einzelfall die Gesamtheit der Mengen mitenthalten ist. Man darf die Worte „die Menge der Mengen" als einheitlichen Ausdruck vielleicht nicht einmal so auseinanderreißen, wie wir das hier schon tun. Wir gehen aus von dem Ausdruck „Menge der Mengen" und verfolgen den Weg, auf welchem wir zu dem kommen, was diesem Ausdruck entspricht. Wir können nun beginnen mit den einzelnen Mengen. Die Frage ist, ob dabei schon etwas wie „Welt" als Endpunkt für unsere Bemühungen im Hintergrunde steht, und zwar derart, daß wir unser Ziel erreicht haben, wenn wir die Welt durchwandert haben. Wie sollten wir sonst auch nur auf den Gedanken kommen, daß man bei der Zusammenfassung der Einzelgebilde zu Mengen, oder sagen wir vorsichtiger, zu Mengengebilden, jemals zu einem Ende kommen würde. Die Voraussetzung ist dabei doch wohl, daß die Zahl oder Menge der Einzelgebilde irgendwie beschränkt ist, etwas anders ausgedrückt: Über das, was eine Menge ist, kann ich auf der Grundlage von Einzelgebilden und Auffassung und was sonst noch dazugehören mag, zu einer gewissen Klarheit kommen. Ich kann auch weiter nachdenken, über die Möglichkeiten mehrere Mengen oder viele Mengen oder vielleicht auch alle Mengen in einem Bezirk, etwa auf der Erde, zusammenzufassen, wie dies die Statistik täglich macht, allerdings unter Beschränkung auf bestimmte Gattungen. In diesem Zusammenhang könnte es einen Sinn haben, nach der Menge der Einzelgebilde in diesem Bereich zu fragen; und ebenso nach der Menge von Mengen, wobei wohl selbstverständlich die Mengen vielstufig sein können und die verschiedenen Mengen die gleichen Einzelgegenstände enthalten können.

Wenn ich dann in einem solchen Bereich nach der Menge der Mengen fragen würde, oder etwas verständlicher, nach der Anzahl der Mengen in diesem Bereich, so wäre diese Aufgabe prinzipiell lösbar. Und auch hier könnte man die Frage stellen, kommt in der Menge der Mengen die Gesamtmenge der Mengen notwendig zweimal vor? Gehört, mit anderen Worten, die Gesamtmenge, nach der gefragt ist, notwendig schon zu den Mengen, um die es sich hier handelt. Die Frage kann in der Tat auftauchen. Daß sie aber auftaucht, hängt doch wohl mit gewissen Unvollkommenheiten der Sprache zusammen. Ich könnte genau fragen: Wieviel Mengen sind in diesem Bereich enthalten, ohne Hinzurechnung der Gesamtmenge oder mit Hinzurechnung der Gesamtmenge. Die Antwort würde jeweils um 1 differieren.

Die Identität des Blitzes in verschiedenen
Wahrnehmungen?
Der Aufzug. Der Physiker, der im Aufzug
groß geworden ist. Die Verselbständigung
des Aufzuges.
Die Uhr. Zwei Ereignisse und das dazwischenliegende Intervall. Die Verselbständigung der Uhr. Sinnlos.

Ein großer Teil der Arbeit beschäftigt sich
mit Welt, Gegenstand und Auffassung. Die
Arbeit ist eine Fortsetzung von „In Geschichten verstrickt" (1953) und „Philosophie der Geschichten" (1959), aber für
sich verständlich.